轻松掌握 3D 打印系列丛书

3D 打印超简单：不会建模也能玩转

柯秉光　编著

机械工业出版社

本书从没有建模基础的初学者的角度，详细讲述了不用自己建模操作 3D 打印机打印出心仪产品的全过程。

全书分为 9 章，第 1 章通过对机器的分类对比，帮助读者选择合适的 3D 打印机；第 2 章讲述 3D 打印工作间的布置以及相关工具的准备；第 3 章讲述 3D 打印机的全方位调试；第 4 章讲述 3D 打印模型的准备，主要介绍如何从网络上下载模型以及模型质量的评估；第 5 章简单介绍 3D 打印的流程与基本原理、切片软件的选择，详细讲解 Cura 切片软件的使用以及设置要点；第 6 章讲述 Cura 打印实例，每一个例子都对应一种产品结构类型，同时提供光盘讲解视频；第 7 章讲述打印件的后期处理，包括拆卸、抛光、修复与上色的要点；第 8 章讲述 3D 打印的常见问题与解决方法；第 9 章讲述 3D 打印机的保养与维护。本书配有光盘，含第 6 章实例的模型文件和制作视频，供读者更直观地学习。读者学习中遇到困难，可加 QQ 群 318157053 进行交流。

本书适合零基础 3D 打印爱好者阅读。

图书在版编目（CIP）数据

3D 打印超简单：不会建模也能玩转/柯秉光编著. —北京：机械工业出版社，2017.12
（轻松掌握 3D 打印系列丛书）
ISBN 978-7-111-58441-4

Ⅰ. ①3… Ⅱ. ①柯… Ⅲ. ①立体印刷—印刷术—基本知识 Ⅳ. ①TS853

中国版本图书馆 CIP 数据核字（2017）第 276916 号

机械工业出版社（北京市百万庄大街 22 号　邮政编码 100037）

策划编辑：周国萍　　　责任编辑：周国萍　王春雨
责任校对：王　欣　　　封面设计：鞠　杨
责任印制：常天培

北京联兴盛业印刷股份有限公司印刷

2018 年 1 月第 1 版第 1 次印刷
169mm×239mm · 12.5 印张 · 199 千字
0 001—3 000 册
标准书号：ISBN 978-7-111-58441-4
　　　　　ISBN 978-7-88709-965-5（光盘）
定价：79.00 元（含 1DVD）

凡购本书，如有缺页、倒页、脱页，由本社发行部调换

电话服务	网络服务
服务咨询热线：010-88361066	机 工 官 网：www.cmpbook.com
读者购书热线：010-68326294	机 工 官 博：weibo.com/cmp1952
010-88379203	金 书 网：www.golden-book.com
封面无防伪标均为盗版	教育服务网：www.cmpedu.com

前言 Foreword

　　近年来在我们的日常生活中经常会出现 3D 打印这个词，国内外媒体也出现了大量的相关内容：比如科幻电影中出现的 3D 打印场景，现实当中的 3D 打印汽车、3D 打印房子，实验室里的 3D 打印器官，就连我们的起居饮食当中也能找到 3D 打印服饰、3D 打印巧克力等，仿佛一夜之间我们都进入了 3D 打印的时代。面对当前传统产业经济增速放缓，以 3D 打印为代表的增材制造技术已成为世界各国关注的热点之一，欧美以及亚洲多个国家与经济体还制定了相关的发展战略与规划：德国推出的《工业 4.0》；欧盟发布的《3D 打印标准化路线图》；美国国家科学与技术委员会发布的《先进制造国家战略计划》；韩国 3D 打印工业发展委员会规划到 2020 年培养 1000 万创客（Maker），并在全国范围内建立 3D 打印基础设施。2015 年 5 月 8 日，我国国务院印发《中国制造 2025》，是我国实施制造强国战略第一个十年的行动纲领。3D 打印正引发一场新的工业革命，不管愿意与否，我们都已身处这场革命的洪流之中。

　　尽管这几年 3D 打印呈现井喷式的发展，各大媒体及网络平台不遗余力地宣传报道，但真正接触过 3D 打印的人不多，大家对 3D 打印的认识基本还是在道听途说的层面。不单是国内，国外也是如此。当前接触 3D 打印最多的是创客群体，他们借助 3D 打印这个工具来实现自己的创意设计。然后就是一些企业的研发团队，借助 3D 打印技术缩短产品的研发周期，甚至以 3D 打印样机进行客户体验式的投放。所以就 3D 打印的认知以及当前使用的普及程度来看，国内外基本处于同一水平。因此，如同当年计算机从娃娃抓起一样，3D 打印技术向家庭、学生、高校推广势在必行，特别是桌面级 3D 打印机的普及更有现实意义。

　　当我们接触到一项新技术的时候，既被它的独特创新所吸引，又会对其原理与技术掌握无从下手，就像我们第一次打开浏览器，被五彩缤纷的网页所吸引的时候，握着鼠标却不知道如何单击链接一样。当你看到 3D 打印，想进一步了解并掌握这项技术的时候，你的脑海里会不由自主地冒出这些疑问：我没接触过 3D 打印而且根本不会画图，能学会 3D 打印吗？哪种 3D 打印机适合我使用？别人做的这些模型很漂亮，我不会画图，网上可以下载吗？

那么多的切片软件我选哪种？怎么使用？是否有根据实例一步步讲解切片与机器操作的书？打印出来的东西需要进一步处理吗？如何处理？机器出故障了怎么办？平时需要怎样维护机器呢？上述的这些问题大家基本都会遇到，是阻碍 3D 打印普及的一道技术门槛，也正是本书要为大家解决的问题。

本书将以作者 DIY 的一台桌面级 3D 打印机用以辅助产品设计开发的亲身经历为基础，根据组装机器以及学习软件的过程中记录下的实验笔记，并结合作者多年来的产品设计开发经验，给大家详细讲解 3D 打印的全过程。这包括了 3D 打印的原理与基本流程，机器的选型与调试，模型的获取与修复，软件的安装与使用，打印件的后期处理，常见问题的解决以及机器的维护与保养等内容。随书配赠的光盘包含了第 6 章实例的模型素材以及实际操作的视频。

本书旨在推广与普及 3D 打印知识和技能，指导零基础读者掌握 3D 打印机基本操作并制作出合格的 3D 打印件。对 3D 打印感兴趣，没有工科基础且不具备建模能力的零基础读者，可通过本书的学习掌握基本的 3D 打印技能；对于有一定动手能力的爱好者以及创客，本书可以作为解决常见问题的速查手册；对于中小学生，本书可作为课外技能的指导书；高等院校机械、建筑、工业设计等专业的学生可通过本书学习掌握 3D 打印的实战技术，辅助专业课的学习；而机械、建筑、工业设计类的从业人员，可将本书学到的 3D 打印技术应用到设计与开发的流程中，提高工作的效率。

本书的编写是一段难忘的经历，衷心感谢多年来一直关心支持我的师长、同学与朋友。感谢紫晶立方与珍妮科技两支团队以及众多创客达人们的技术支持。感谢机械工业出版社各位老师的辛勤工作，感谢金属加工杂志社、汽车工艺师杂志社以及金粉商城的各位老师多年来鼎力支持。最后特别感谢永远关爱并支持我的家人。

由于作者水平有限，欢迎广大读者对书中纰漏进行批评和指正。

柯秉光

目录 CONTENTS

第6章　Cura 打印实例

第 9 章 3D 打印机的保养与维护

参考文献

第 1 章

选择合适的 3D 打印机

　　《论语》有云："工欲善其事，必先利其器"。工匠想要做好他的工作，一定要先让工具锋利。我们要学习和掌握 3D 打印技术，首先要选择一台 3D 打印机。然而 3D 打印技术发展日新月异，各大厂商正不断研发出新的技术与工艺，市场上各种 3D 打印机琳琅满目，初学者可谓"众里寻他千百度"，可"蓦然回首"你又能否选到一台合适的 3D 打印机呢？

　　本章首先会为大家介绍当前常见的 3D 打印技术并对比分析各自的优缺点，然后为大家介绍不同种类的 3D 打印机及其特点，最后将根据 3D 打印机的性能指标与耗材种类选出合适的 3D 打印机。

1.1　常见的 3D 打印技术

　　当第一次看到刚打印出来的 3D 打印件时，仔细观察就会发现打印件的表面有很多一层层的横向纹路，如图 1-1 所示，类似于甜点千层糕或者西餐的三明治。没错，我们所看到的就是 3D 打印件的重要特征：横向等距离叠加纹理！3D 打印的工作原理就是逐层加工、叠加成型，当第一层打印完毕，打印头会向上移动指定的距离，并在第一层上面打印第二层，如此层层叠加直至打印完成。由于这种成型技术单层加工方式与喷墨打印的工作过程很相似，因此称其为 3D 打印。

　　传统的产品加工方式，是将待加工的毛坯料装夹到机床上，通过刀具的切削运动将毛坯不需要的部分去除，以达到产品的最终形状。由于机床以及刀具运动的局限性，如果产品里面有镂空结构，刀具很难进到产品内部进行加工，遇到复杂的镂空结构将无法加工，这就是传统的减材制造的缺点。以 3D 打印为代表的增材制造，其逐层加工、叠加成型的加工方式，特别适合结构复杂精细的零件以及小批量个性化定制产品的加工，而且制造过程中不用去除材料，因此比传统的加工方式更加环保高效。

当前主流的 3D 打印技术有 FDM、SLA、SLS、3DP、PolyJet、DLP、LOM 等，下面我们将介绍这些主流的打印技术。

图 1-1 3D 打印的特点

1.1.1 熔融沉积成型（FDM）

1988 年，美国学者 Scott Crump 发明了 FDM（Fused Deposition Modeling，熔融沉积成型），也被称为 FFF（Fused Filament Fabrication，熔丝制造），并于 1989 年创立了著名的 Stratasys 公司。FDM 的原理是借助挤出机将热塑性塑料丝（直径 1.75mm 或 3mm）输送到打印机的喷头，喷头通过加热使其内部的塑料丝成熔融状态，由于挤出机不断地输送塑料丝，熔融状态的塑料丝受到挤压并通过喷头底部的喷嘴（孔直径为 0.2～0.8mm）喷出来。随着喷头的水平运动，喷出来的熔融塑料均匀地沉积到工作平台并随着温度的降低而固化，当打印完整个层面后工作台向下移动一个层厚，在前一层的表面上继续沉积新的层面并固化，如此逐层沉积固化直至打印完成。塑料花瓶的 3D 打印过程如图 1-2 所示，整个工作过程就像面包店做蛋糕一样，将奶油一层层地铺到蛋糕上，直至完成预定的造型。

图 1-2 塑料花瓶的 3D 打印过程

FDM 有如下优点：由于在整个工作过程中无化学污染，适合在办公室以及家庭环境下使用；可广泛使用多种热塑性塑料，材料利用率高而且易于储存与运输；设备价格相对低廉。FDM 有如下缺点：成型最高精度 0.1mm，成型后表面粗糙，需要抛光等后期处理；成型尺寸较小，打印大尺寸产品容易受内部的应力而变形；打印速度较慢；打印件悬空部分在打印过程中需要耗费部分材料为其做支撑。

1.1.2　立体光固化成型（SLA）

1986 年 Charles W. Hull 发明了 SLA（Stereo Lithography Appearance，立体光固化成型），并创立了著名的 3D Systems 公司。SLA 的基本原理是用紫外激光束逐层扫描透明的液态光敏树脂使其快速固化并逐层叠加成型。工作流程如下：将一定量的液态光敏树脂倒进树脂液槽，工作台降到液槽的底部，液槽外贴近液槽底部的激光头将紫外激光束聚焦后按设定的程序沿水平方向扫描底层很薄的一层液态光敏树脂并将其固化到工作台上，工作台上升到下一层的高度，紫外激光束将再次扫描液层并将其固化到之前的固化层表面，如此逐层扫描叠加固化最终构成打印件。如果说 FDM 打印就像做汉堡一样逐层从底部叠起来，那 SLA 打印就像把产品直接从水里拉出来一样。SLA 打印机及其打印件如图 1-3 所示。

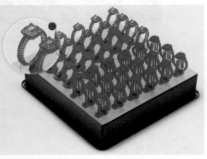

图 1-3　SLA 打印机及其打印件（图片来源：Formlabs）

SLA 有如下优点：成型速度快，打印件表面质量好，尺寸精度可达到 0.025mm，适合加工精细度高的小件产品。SLA 有如下缺点：液态光敏树脂固化后较脆，打印件强度不高，后续加工困难；支撑结构需在打印件完全固化前拆除；打印件易吸湿变形，温度过高会熔化，容易被腐蚀，因此不易保存；液态光敏树脂价格昂贵，贮藏环境要求很高，接触到人的皮肤会引起过敏并且污染环境，不适宜家庭使用；打印设备昂贵而且维护成本高。

1.1.3　选择性激光烧结（SLS）

1989 年美国得克萨斯大学奥斯汀分校的 C. R. Dechard 成功研制出 SLS

（Selective Laser Sintering，选择性激光烧结）。SLS 的基本原理是用高强度的激光将单层的粉末材料选择性地进行熔化烧结并逐层叠加出整个产品。工作流程如下：首先机器借助刮平棍子铺平一层已预热至接近熔点的粉末材料，接着高强度的 CO_2 激光器在粉层表面选择性地扫描，激光所到之处粉末材料在高温下熔化烧结成黏结层，然后机器在黏结层表面重新铺粉与刮平，随后激光头将再次对粉层进行扫描烧结，铺粉与烧结过程反复交替直至整个产品打印完成。SLS 技术与书籍的印刷有些类似，铺粉、刮平与烧结相当于印刷中的版型上刷墨水、铺纸张与压平印字，前者叠加成产品而后者叠加成书籍。SLS 的打印案例如图 1-4 所示。

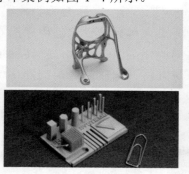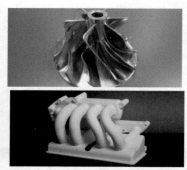

图 1-4　SLS 的打印案例（图片来源：3D Systems）

SLS 有如下优点：成型材料广泛，可用塑料、蜡、砂、金属、陶瓷等多种粉末材料；成型速度快，产品强度高，可直接生产小批量金属零件；未烧结的粉末可支撑打印件，打印完成后不用像 FDM 与 SLA 那样需要拆除支撑结构，只需清除多余的粉末材料即可得到产品。SLS 有如下缺点：打印出来的成品表面粗糙，精度较低，需要后期进行表面处理；打印前的预热与打印后的冷却需要耗费很长的时间；设备昂贵，大功率激光器能耗大，设备维护费用高；打印过程会产生有毒气体污染环境，不适合普通室内或家庭使用。

1.1.4　三维打印黏结成型（3DP）

1993 年美国麻省理工学院（MIT）取得了 3DP（Three Dimensional Printing and Gluing，三维打印黏结成型）的专利。3DP 的原理可以看成是 SLS 与喷墨打印的结合体：设备将石膏粉精确地平铺到工作台表面形成粉末薄层，喷头根据程序水平运动，并将特殊的黏结剂喷到薄层粉末上，黏结剂与粉末发生固化反应形成固化薄层，然后设备在固化薄层上铺粉，喷头再次喷出黏结剂，该过程反复交替并层层叠加，最终打印出产品。3DP 的打印案例如图 1-5 所示。

3DP 有如下优点：成型速度快；打印的耗材便宜；成型过程不需要支撑；可直接打印出彩色产品；设备能耗低，后期维护便捷。3DP 有如下缺点：产品强度低，不能做功能测试。

图 1-5　3DP 的打印案例（图片来源：3D Systems）

1.1.5　多头喷射成型（PolyJet）

PolyJet 多头喷射成型，是以色列 Objet 公司（现已并入 Stratasys 公司）的发明专利。该技术利用喷头将树脂喷到工作台表面，同时用紫外线灯照射，使树脂快速固化，然后在固化层上再重复上述步骤，层层叠加直至打印完成。喷出来的树脂分为材料部分与支撑部分两种，打印完成后支撑部分可直接冲洗掉。PolyJet 的优点是打印精度高，支撑拆卸容易，缺点是打印件强度较低，不宜用作功能测试。PolyJet 技术的打印案例如图 1-6 所示。

图 1-6　PolyJet 技术的打印案例（图片来源：Stratasys）

1.1.6　数字光处理（DLP）

DLP（Digital Light Processing，数字光处理）的技术原理与 SLA 相似，用高分辨率的数字光处理器（DLP）投影仪代替 SLA 的紫外激光头实现固化过程。两者的优缺点一致，但由于 DLP 使用价格低廉的灯泡作为发光元件，而 SLA 用激光头发射激光，因此 DLP 设备价格以及后期维护费用比 SLA 便宜。而且 DLP 利用投射原理成型，直接照射整个成型面，而 SLA 的激光头只能逐层扫描，因此理论上来说 DLP 比 SLA 的成型速度快很多。DLP 在影视人物造型上的应用如图 1-7 所示。

图 1-7　DLP 在影视人物造型上的应用（图片来源：envisionTEC）

1.1.7　分层实体制造（LOM）

1986 年美国 Helisys 公司的 Michael Feygin 成功研制出 LOM（Laminated Object Manufacturing，分层实体制造）。LOM 的工艺原理是利用热压或其他形式的技术，将相同材质的薄片材料层层黏结成产品，每黏结一层后，用激光或者刀具切出该层的产品剖面轮廓，废料部分切成网状结构。成型完毕后将余料拆卸即可。LOM 有如下优点：成型材质多样，可以是薄纸片、塑料薄膜、金属薄片等片材；成型过程中没有收缩或翘曲变形，可以打印结构简单的大型产品；没有支撑结构。LOM 有如下缺点：不能成型镂空结构，只适合成型简单几何形状的零件；打印精度较低；余料多，材料利用率低；制作过程需要在专业环境下进行，设备购买与维护成本高。LOM 的工作流程简图如图 1-8 所示。

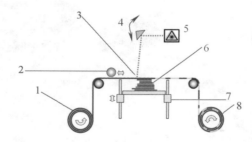

图 1-8　LOM 的工作流程简图（图片来源：wikipedia）
1—片材原料输送　2—热压辊　3—激光　4—扫描棱镜
5—激光器　6—已成型叠加层　7—上下移动平台　8—片材余料回收

1.2　3D 打印机的机型分类

前面图文并茂地介绍了常见的 3D 打印技术，下面介绍一下各类型 3D 打印机的代表机型。通常我们将 3D 打印机分为工业级与桌面级两大类。工业级设备多使用 SLS、SLA、3DP 等技术，打印高精度以及超大尺寸产品，设备价格以及维护费用高昂，普遍用于航空航天、国防工业、汽车、机械工业、家电产品等领域。桌面级机型目前基本使用 FDM 技术（个别公司推出基于 SLA 技术的机型），打印精度较低而且成型尺寸小，但设备及维护费用较工业级设备要低很多，常用于家庭与学校教育，而且目前越来越多设计师使用桌面级 3D 打印机辅助产品的设计开发。

1.2.1　工业级打印机

在 3D 打印领域里，有两家闻名遐迩的公司 3D Systems 与 Stratasys，引领并见证了整个 3D 打印的发展。他们各自掌握着多种 3D 打印核心技术，拥有大量的专利发明，在发展的过程中不断开拓创新，收购兼并多家拥有独家技术的公司，整合自身的优势资源，使得当前工业级打印机市场形成了以这两家公司为主导的两强争霸局面。

3D Systems 公司的 3D 打印机分为消费级、专业级与生产级三类，专业级与生产级面向工业使用。专业级有如下几个系列：MJP 系列高精度塑料件 3D 打印机（如 ProJet® 7000 HD），MJP 系列蜡型 3D 打印机（如 ProJet® MJP 3600W Series），MJP 系列彩色 3D 打印机（如 ProJet® 660 Pro），MJP 系列医疗保健 3D 打印机（如 ProJet® 7000 MP）。生产级有如下几个系列：Stereolithography SLA（如 ProX 950），Laser Sintering SLS（如 SPRO™ 140），直接金属打印 DMP（如 ProX™ DMP 320）。3D Systems 工业级 3D 打印机及其打印件如图 1-9 所示。

图 1-9　3D Systems 工业级 3D 打印机及其打印件（图片来源：3D Systems）

Stratasys 公司的 3D 打印机有四大系列：创意系列（Idea Series）、设计系列（Design Series）、生产系列（Production Series）与牙科系列（Dental Series）。除了设计系列是面向个人与小团体的桌面型 3D 打印机，其他三个均面向工业级应用。设计系列里有高精度的 Object 系列（如 Objet260 Connex3）和高性能的 Dimension 系列（如 Dimension Elite）；生产系列里有高精度的 Objet 高端系列（如 Objet1000 Plus）和高性能的 Fortus 系列（如 Fortus 900mc）；牙科系列是数字化牙科 3D 打印解决方案的专用机型（如 Objet500 Dental Selection）。Stratasys 工业级 3D 打印机与打印件如图 1-10 所示。

图 1-10　Stratasys 工业级 3D 打印机与打印件（图片来源：Stratasys）

1.2.2　桌面级打印机

与工业级 3D 打印机相比，桌面级 3D 打印机虽然技术较为单一，打印精度普遍不高，成型尺寸较小，但桌面级 3D 打印机制造商远比工业级的多，机型更是琳琅满目。之所以出现这个状况，是由于当年工业级打印机的专利陆续到期失效，降低了 3D 打印机的技术门槛，各大 3D 打印机厂商以此为核心技术，在机器结构性能及打印功能上推陈出新，使得桌面级 3D 打印机在入门级应用市场大放异彩。与此同时，RepRap（Replicating Rapid Prototyper，快速自我复制原型机）的出现，令全世界的创客（Maker）趋之若鹜，纷纷加入到 3D 打印机 DIY 的热潮中，并向全世界推广。至此，全球掀起了一股 3D 打印热潮！

2005 年英国巴斯大学高级讲师 Adrian Bowyer 博士创建了 RepRap 项目。RepRap 是一个 3D 打印机的原型，由于它有两个显著的特点：一个是可以打印出自身大部分的塑料部件，具有一定的自我复制能力；一个是其所有的软件及硬件资料都是免费分享并且开源，所以 RepRap 也被公认为开源 3D 打印机的鼻祖。到目前为止，RepRap 一共发布了 4 个版本的开源 3D 打印机：2008 年 2 月发布的"达尔文"（Darwin），2009 年 10 月发布的"孟德尔"（Mendel），2010 年 8 月发布的"赫胥黎"（Huxley），2014 年 1 月发布的"奥默罗德"（Ormerod）。每一款机型都有各自的升级版本以及衍生机型，比如热门机型"Prusa i3"就是 Josef Prusa 从"Mendel"升级设计的。另外 Johann 设计的 Delta robot 3D printer

（三角洲并联 3D 打印机）"Kossel"也广受关注。

　　说到桌面级 3D 打印机，我们经常会听到 MakerBot 与 Ultimaker 这两个名字，他们是当前最受欢迎的两个桌面级 3D 打印机系列。2009 年在美国的布鲁克林，Bre Pettis、Adam Mayer 与 Zach Hoeken 创立了 MakerBot。最初推出的 CupcakeCNC 与 Thing-O-Matic 均为开源机型，但随着公司向商业化方向发展，经典的 Replicator 及其后续的机型不再开源，因此也导致了其中两位创始人相继离开。目前 MakerBot 已被 Stratasys 收购。

　　2011 年的荷兰，同样是三位创始人，Martijn Elserman、Erik de Bruijn 与 Siert Wijnia 创立了 Ulitmaker 并推出首款机型 Ultimaker Original。与 Makerbot 相比，Ultimaker 打印速度更快，可打印体积更大的产品，性价比更高。到目前为止，Ultimaker 已相继推出多款机型，而且所有机型完全开源，感兴趣的朋友可直接到其官网下载相关的资料 DIY 一台 3D 打印机。

　　在这两家公司的带动下，国内的 3D 打印机生产商也推出了一大批各具特色的桌面级机型，就连工业级巨头 3D Systems 与 Stratasys 也专门推出了面向个人与小团体使用的消费级机型，下面将简单介绍几款常见的桌面级 3D 打印机，见表 1-1。

表 1-1　常见的桌面级打印机

	生产厂商	3D Systems	产品型号	CubePro
	打印尺寸	275mm×265mm×240mm		
	喷头概况	单/双/三	打印层厚	0.075mm
	打印模式	WiFi	打印材质	PLA/ABS
	生产厂商	Stratasys	产品型号	Mojo
	打印尺寸	127mm×127mm×127mm		
	喷头概况	单头	打印层厚	0.178mm
	打印模式	USB	打印材质	ABSplus
	生产厂商	Stratasys	产品型号	uPrint Se Plus
	打印尺寸	203mm×203mm×152mm		
	喷头概况	单头	打印层厚	0.254mm
	打印模式	EtherNet	打印材质	ABSplus
	生产厂商	Stratasys	产品型号	REPLICATOR 2X
	打印尺寸	246mm×152mm×155mm		
	喷头概况	双头	打印层厚	0.10mm
	打印模式	USB/SD 卡	打印材质	PLA
	生产厂商	Stratasys	产品型号	REPLICATOR Z18
	打印尺寸	300mm×305mm×457mm		
	喷头概况	单头	打印层厚	0.10mm
	打印模式	USB/ETH/wifi	打印材质	PLA
	生产厂商	Ultimaker	产品型号	Ultimaker 2+
	打印尺寸	223mm×223mm×205mm		
	喷头概况	单头	打印层厚	0.02mm
	打印模式	USB/SD 卡	打印材质	PLA/ABS/CPE

（续）

生产厂商	JennyPrinter	产品型号	珍妮极简版
打印尺寸	230mm×225mm×370mm		
喷头概况	单头	打印层厚	0.02mm
打印模式	USB/SD 卡	打印材质	PLA/ABS/CPE
生产厂商	紫晶立方	产品型号	STORM+
打印尺寸	直径 250mm×高 320mm		
喷头概况	单头	打印层厚	0.2mm
打印模式	SD 卡/WiFi	打印材质	PLA/ABS/PETG
生产厂商	太尔时代	产品型号	UP Plus 2
打印尺寸	140mm×140mm×135mm		
喷头概况	单头	打印层厚	0.15mm
打印模式	联机/脱机	打印材质	
生产厂商	formlabs	产品型号	Form 2
打印尺寸	145mm×145mm×175mm		
喷头概况	激光头	打印层厚	0.025mm
打印模式	WiFi/ETH/USB	打印材质	光敏树脂

（注意：以上 10 款机型的图文资料均来自各厂商的宣传资料。）

1.3　选择合适的 3D 打印机

　　面对市场上琳琅满目的 3D 打印机，尽管前面已经介绍过各种常见的代表性机型，但在选购的时候人们依然会感到无从下手。究其原因不外乎两个：一个是购买的目的与用途，另一个是 3D 打印机的性能是否能够满足自己的需求。如果是需要做小批量零件的生产、高精度产品的试制、特殊结构零件的制作又或者用于辅助产品的设计开发，就建议选购工业级的生产型或者专业型 3D 打印机。如果是用于面向学生与家庭的 3D 打印技术教育推广、小团体的创意设计工作室、个人学习新技能或者 DIY 兴趣爱好，我们建议购置桌面型 3D 打印机。下面具体来谈一谈桌面级 3D 打印机（FDM）的各项性能指标以及打印耗材的分类与选购，希望大家阅读后能对 3D 打印机有更深入的了解，使得百里挑一不再是难事。

1.3.1　3D 打印机的性能指标

　　我们讨论 3D 打印机的时候，经常会听到打印体积、打印层厚、喷嘴直径等专业术语，而这些也是 3D 打印机的重要性能指标之一。下面将介绍一下 3D 打印机的各项性能指标。

　　结构与运动方式：在介绍运动结构之前，我们先引入数学中的一个概念——空间直角坐标系。如图 1-11 左边的空间直角坐标系，过空间任意一定点 O，作三条具有相同单位长度且互相垂直的数轴（x、y、z），这就构成了一个直角坐标系，其中 O 为坐标原点，x、y、z 为坐标轴，由坐标轴确定的平面叫坐标平面。举一个更直观的例子以便大家理解：如图 1-11 右边的直观示意图，人直立在平地上，如果把自己看作是原点 O，那么其左右方向就是 x 轴，前后方向就是 y 轴，上下方向就是 z 轴。

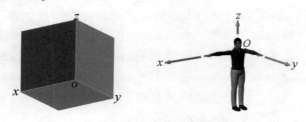

图 1-11　空间直角坐标系与直观示意图

　　桌面级 3D 打印机虽然结构类型众多，但大致可以分成三种。第一种是打印台作 y 方向运动，喷头装在立柱龙门架上作 x 方向运动，立柱龙门架作 z 方向运动，比如 Mendel Prusa i3 与 UP Plus 2 就是采用这种结构。该结构的优点是三轴独立便于安装与维护，但平台水平调节较难，而且打印过程中模型不断作 y 方向运动，因此打印件越大移动速度就越低，否则影响到打印件的表面质量。第二种是打印台作 z 方向运动，喷头装在机架顶部做 x、y 方向运动，比如 MakerBot 与 Ultimaker 就是采用这种结构。该结构在打印过程中打印平台仅做打印层厚运动，单层打印时打印件静止仅喷头运动，因此稳定性更高打印质量更好。第三种是并联打印结构，打印平台固定，喷头通过三组刚性连杆分别连接到三根立柱上，连杆与立柱的连接器可在立柱上做 z 方向不等距离的独立运动。使喷头可同时做 x、y、z 三轴联动，比如 STORM+ 就是采用这种结构。该结构打印平台固定，仅喷头做三轴运动，虽然结构复杂安装较难，但打印稳定且速度快。前面两种结构的成型体积是立方体，而该结构的成型体积是圆柱体，因此更适合打印花瓶之类纵向尺寸较大的产品。

　　送丝机构：步进电动机与齿轮组构成了送丝机构，负责控制材料的输送以及熔融状态材料的挤出量。送丝机构分为两种：近端送丝通常把送丝机构与喷头组合到一起，减少了输送的距离，因此可以输送软硬两种塑料丝，MakerBot 就是采用这种结构。远端送丝通常把送丝机构装到机器的后方，由于输送距离长，软性塑料丝会由于自身的弹性变形而导致输送量不准确，因此并不适合打印软性材料，Ultimaker 采用的就是远端送丝机构。不过送丝机构与喷头分离，降低了喷头的重量，所以即便是相同的结构与运动方式，Ultimaker 的打印速度比 MakerBot 更高。

　　喷头：3D 打印机的喷头主要用于熔化并储存打印材料，一般分单头与双头两种。喷头通常都是安装固定好的，出故障的时候需要拆卸检修，过程较为复杂，不过 MakerBot 的某些机型有可拆卸喷头，整个喷头模块化，可以免工具直接拆卸。

打印平台：在打印的过程中，打印件所附着的就是打印平台。打印平台表面材质有塑料、玻璃等，有的平台带加热功能，适合打印 ABS 等成型温度较高的材料，而带加热功能的平台表面通常选用耐热材质。平台的水平调整也很重要，通常是手动调整或者软件调整，不过有些机器带自动调平功能，比如 UP Plus 2 与 STORM+。

机壳类型与功能：机壳主要作用是组立并保护机器核心部件使其正常工作。采用的材料通常是复合木板、亚克力塑料、铝合金、铝塑板等。一般分为开放式、半封闭式以及全封闭式三种。开放式机型基本外露，打印过程受机器放置环境的温湿度影响较大，如 UP Plus 2。半封闭式机型最常见，一般是前面与顶面开放，如 Ultimaker 与 MakerBot 等机型，在冬天温度较低的时候起到一定的隔热保温作用。全封闭式机型多见于工业级 3D 打印机，通常带恒温系统以及空气循环过滤系统。

打印体积：打印件能达到的最大空间尺寸（长宽高）即为打印体积，也称为成型体积，通常分为立方体与圆柱体两种形状。

喷头移动速度：是指喷头空载时的移动速度，通常以 mm/s（毫米/秒）为单位，是衡量打印速度的一个标志。机器结构相同时，喷头重量越轻则移动速度越快。

喷嘴直径：喷头下方用于出丝的可拆卸发热管道就是喷嘴，底部有一小孔，其直径就是喷嘴直径。通常有直径 0.25mm、0.4mm、0.6mm、0.8mm 四种，直径越小喷出来的塑料丝就越细，相同层厚打印出来的表面越光滑，但打印时间也相应加长。喷嘴直径是影响打印精度的重要参数之一。

打印层厚：每一个打印层的厚度称为打印层厚，是影响打印精度的重要参数之一。层越薄打印件表面越光滑细腻，打印时间也越长。喷嘴直径与打印层厚的关系密切而且互相配合，层太厚会导致层与层之间黏结不良容易断层，层太薄会导致喷头出料困难甚至不能出料。下面以 Ultimaker 2+标配的四款喷嘴为例，用表格的方式列出官方提供的四种喷嘴直径相对应的打印层高范围数据（表 1-2）。

表 1-2 Ultimaker 2+标配喷嘴规格及相应打印层高范围

喷嘴直径	打印层高范围	喷嘴直径	打印层高范围
0.25mm	0.06～0.15mm	0.4mm	0.02～0.20mm
0.6mm	0.02～0.40mm	0.8mm	0.02～0.60mm

　　喷嘴温度：塑料丝通过喷头加热成熔融状态，并通过喷嘴喷出来。由于不同材料的熔化温度范围不一样，所以喷嘴温度会影响到塑料熔化与固化的效果，温度过高塑料容易碳化，温度过低塑料会挤不出来。因此喷嘴温度有两个要点：一个是温度范围要大，以适合多种 3D 打印材料；另一个是恒温精准，而且加热速度快。

　　热床：对于带加热功能的打印平台，通常称之为热床。与喷头相比，热床的受热面积大很多，所以加热速度慢。恒温精准、加热速度快是衡量热床性能的一个重要指标。

　　打印模式：3D 打印机获取程序进行打印的方式称为打印模式。常见的打印模式有 USB、SD 卡、以太网（Ethernet）与 WiFi 四种。USB 与以太网模式属于联机打印，SD 卡模式属于脱机打印，WiFi 模式属于无线打印，如配合手机、平板电脑等移动终端的客户端程序，可智能化地同时控制多台设备进行打印。

1.3.2　3D 打印材质的分类

　　目前市场上 FDM 打印机的耗材种类繁多，按材料特性分为工程材料（如 ABS、PA 等）与生物降解材料（如 PLA、PETG 等）。按颜色可分为普通单色材料、金属光泽单色材料、单卷彩色材料、单卷变色材料（变温渐变色）以及夜光材料等。按线材直径通常分为直径 1.75mm 与 3.0mm 两种规格。按重量可分为 1000g 与 3000g 等多种规格。除此之外，还有弹性材料（Flexible）、水溶性材料（PVA）、木材、导电材料等各种特殊功能材料，下面介绍一下常用 FDM 打印耗材的特点。

　　ABS：工程塑料，力学性能好，冲击强度高，支撑材料易去除。喷嘴温度 220～240℃，热床温度 80～120℃。材料收缩率高，打印大面积产品易翘起，产品易开裂，容易从打印平台脱落。材料吸湿性较高。打印过程中有塑料溶解的气味。

　　PA（尼龙）：工程塑料，力学性能好，抗拉强度高。喷嘴温度 230～260℃，无须热床加热以及喷头风扇冷却。材料收缩率低，打印过程不易翘边。不适合采用远端送丝机构的机型。

　　PLA（聚乳酸）：生物降解材料，力学性能与冲击强度低于 ABS，支撑材料不易去除。喷嘴温度 190～220℃，无须热床加热。材料收缩率极低，适合打印大面积产品。打印过程无异味，绿色环保。

　　PETG：生物降解材料，力学性能兼备了 ABS 与 PLA 的优点，强度高，抗压性好，支撑材料不易去除。喷嘴温度 220～240℃，热床温度 110℃。打印大面积产品易翘起，产品不易开裂。打印过程无异味，绿色环保。

　　PVA：水溶性材料，力学性能一般。喷嘴温度 190～210℃。主要用于双喷头机型上，用作支撑材料的打印，打印完毕后可直接用水彻底冲洗掉。不适合采用远端送丝机构的机型。

　　Flexible：弹性材料，以 PLA 为主料，绿色环保，柔韧性好。喷嘴温度190～220℃。不适合采用远端送丝机构的机型。

　　Wood（**木材**）：用木粉为原料的一种新型复合材料，具有防水、耐腐蚀、无毒等特点，打印件可使用木材的常用加工方式进行二次加工。喷嘴温度190～220℃。不同温度下，打印件表面会呈现不同深浅的木纹颜色。

1.3.3　3D 打印耗材的选购

　　我们在选购 FDM 打印机耗材的时候，需要注意如下的几个问题。首先要了解机器的功能结构与打印能力，然后再根据材料的打印要求进行筛选。比方说机器是远端送丝的，就不要考虑 Flexible、PA 等带弹性的材料；机器没有热床就不要选 ABS 等需要热床加热的材料；机器是打印直径为 1.75mm耗材的，就不要买成直径为 3.0mm 的耗材。

　　在选购耗材之前，可以向社区、论坛里的玩家取经，了解他们推荐的耗材品牌，以及对该耗材的评价，可以的话让玩家提供该耗材打印件的实物照片，自己仔细观察再做判断。耗材购买回来后，可以对其做如下几个方面的检测：

① 检查外包装是否有破损，里面的真空包装是否有漏气现象。打开真空包装看里面是否有干燥剂等防潮保护措施，材料的性能标签是否齐全。

② 检查料盘是否有破损，塑料丝是否有色差，仔细观察是否有杂质与气泡。

③ 抽出一段塑料丝，用游标卡尺检查多个位置的直径是否在标称的公差范围内（粗细检查），转动塑料丝看该位置的圆度是否符合要求（截面圆不圆）。当这两个参数的偏差在 ±0.02mm，可视作塑料丝尺寸达到优质水平。

④ 截取一段 5cm 长的无缺陷塑料丝，手握两端将其折弯成 120°，此时若发生断裂，则材料性能较差（高纯度的透明料除外）。通常纯度越高材料越脆。

⑤ 进行打印测试。通过打印网上提供的多种测试模型，按评定标准来判定机器性能以及材料的性能，或者做单层花瓶的打印及装水测试。记录下打印测试过程中出现的问题以及打印件的质量情况，并拍下相关的照片一起存档。当积累了多种品牌多款材质的测试记录时，就可以按自己的实际经验，逐步挑选出适合自己机型的打印耗材以及该耗材的最佳打印参数。

第 2 章

组建 3D 打印工作间

3D 打印机是集机械与电子控制于一体的先进生产工具，即便是桌面级机型，对工作环境还是有一定的要求。本章通过介绍 3D 打印机的基本工作条件、机器安置以及配套工具的选择与使用，指导大家组建一个 3D 打印工作间。

2.1 工作间的区域划分与基本条件

3D 打印的流程大概可以分为模型下载（或设计）与切片输出程序、模型打印以及打印件后期处理三个部分，因此工作间至少分成计算机操作区、打印区与后期处理区三个工作区域。图 2-1 为一个工作间的俯视图。该图的左下方为房间的大门，正上方与右上方各有一个窗户。

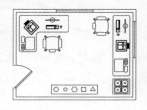

图 2-1　3D 打印工作间布置图

一般情况下这三个工作区都位于同一张（或拼装到一起的）桌子上，分为图中左上角的转角式以及右上角的直列式两种摆放方式。转角式摆放将 3D 打印机放到曲尺型桌子的转角位置上，计算机区与后期处理区分别位于其两侧成 90°角的位置。转角式摆放可以在座椅 90°角的转动范围内随意切换三个工作区，无论是切换到计算机区还是后期处理区，都能同时兼顾到 3D 打印机。但工作空间相对局促，常用于空间较小的房间。直列式摆放将 3D 打印机放到长桌的中间位置，计算机区与后期处理区分别位于其两侧，三个工作区一字排开。工作的时候座椅沿长桌方向移动，可按顺序切换工作区，而且不管是计算机区还是后期处理区，都能同时兼顾到 3D 打印机。虽然工作区切换没有转角式那么方便，但工作区域较大，这种方式比较适用于空间较大的房间。

在房间的阴暗干燥而且温差较低的地方，需要放置一个储存柜用来存放 3D 打印耗材，这点对于吸湿性较大的耗材（如 ABS）尤其重要。而且设备维护工具以及打印件的后期处理工具在使用完清理干净后，也应该跟打印耗材一起存放好。精致的 3D 打印作品会令人赏心悦目，如果随意摆放不仅会降低欣赏的价值，甚至会造成作品的损坏。在光线充足且通风良好的地方，可以设立一个陈列柜，专门用来放置打印作品。但要注意的是放置的环境要避免阳光直射，尽量保持相对稳定的温度以及湿度，并且定期作除尘处理，使打印作品历久弥新。

除此之外，工作间要注意通风透气以及恒温恒湿。由于打印 ABS 等材料时会散发出刺激性气味，所以打印过程中应打开窗户让空气对流，如果是冬天密闭的室内，应该打开排气扇换气。过低的室温以及冷风的吹袭，会使模型在打印过程中发生翘边甚至断裂，空气湿度过低容易导致模型与打印平台分离，从而导致模型错位甚至倒塌。因此在环境条件相对较差的时候，应合理使用空调来保持室内温度与湿度的稳定。

2.2 3D 打印机的安置

工作间布置完毕后，开始安置 3D 打印机。如果选购的是 DIY 机型，组装完毕后便可以直接放置到桌子的相应区域上；如果购买的是整机，那么放置之前必须先拆卸运输包装以及相关的保护机构，并且按机器说明要求安装打印喷头与耗材支架等配件后再进行机器的放置。

针对 3D 打印机的工作特性，在放置的时候需要注意如下几点：

第一点是通风透气的问题。3D 打印机适合放在排气扇下方并且靠近窗户的地方，夏天的时候机器可直接利用窗户附近的空气流动进行散热，在冬天的密闭空间里可以借助排气扇消除 ABS 等材料打印过程中的异味。但是要注意避免因阳光长时间直射造成的配件老化，以及强对流天气对机器造成的破坏。

第二点是稳定性问题。桌子必须平稳地放置在地面上，3D 打印机也必须平稳放在桌面上，用手轻推打印机或桌子均不能发生晃动与移动，否则在打印过程中机器由于晃动而使打印件表面形成振动纹理，并且发出较大的噪声。建议选择带脚垫的厚重结实的木桌或铁桌，但要注意的一点，如果桌子表面是金属之类的导电材料就必须对其做绝缘处理，否则机器容易带电并发生事故。因此建议在 3D 打印机底部加上硬度合适的硅胶脚垫，既减少谐振又能保证机器外壳与桌子绝缘。

第三点是安全距离问题。必须保证 3D 打印机（已安装耗材）与周边物体有 150mm 以上的距离，保证打印区不受外界干扰。但要注意与计算机的距离不能太远，否则计算机与 3D 打印机之间的 USB 连接困难，联机打印的时候容易发生中断或死机。

第四点是电源问题，3D 打印机的工作电流与电压必须与工作间的电源相匹配。这里特别要注意的是机器的电气部分容易受电压波动的影响，因此要选用带防雷防浪涌的插座，而且 3D 打印机工作时同一个插座上不要连接其他用电设备，尽量不要使用带其他用电设备（如日光灯等）开关的插座。如果是 DIY 机型，还要注意电路板以及机器外壳要做接地处理以防止静电对电器部分的干扰。

2.3　配套工具的选择和使用

桌面级 3D 打印机虽然体积较小结构相对简单，但不管是套装整机还是 DIY 机型，其安装与日常维护都需要用到相应的工具，下面的表格将列出常用的工具及其使用方法（见表 2-1）。

表 2-1　3D 打印机安装与维护的常用工具及其使用方法

样　图	工　具	使　用　方　法
	橡胶锤子	轴承的安装以及结构件的组装与调整
	镊子	针对狭小空间的螺钉夹持或电线的分选
	内六角扳手	机壳、打印喷头等部件的内六角螺钉组装

（续）

样　图	工　具	使　用　方　法
	螺钉旋具	常分为一字槽与十字槽两种，用于主板与步进电动机、热床等配件的电线连接与紧固
	尖嘴钳	辅助紧固螺钉的安装以及电线的连接与紧固
	剪刀	配合电工胶布使用制作电线连接端
	电工胶布	电线连接部分的保护
	扎带	分类整理电线并固定到机器上
	万用表	机器通电前的测试以及电路故障的检测
	活扳手	辅助紧固螺钉的安装以及喷嘴的拆卸
	喷嘴清理工具	清理堵塞的喷头，可选专用的清理通针或微型钻等直径匹配的工具
	防静电刷子	清理主板以及机器表面的灰尘
	无尘清洁布	热床表面以及打印机外露部分的清洁
	润滑剂	运动部件的润滑
	防尘罩	机器不使用的时候用于隔绝阳光与灰尘

第 3 章

打印前的准备——
3D 打印机的操作与调试

《孙子兵法》云：知己知彼，百战不殆。在打印之前，需要进一步了解 3D 打印机的基本结构与功能，熟识控制系统的操作方法，掌握机器调试以及材料安装与更换等相关技术，这样在正式打印的时候才能得心应手。

3.1　3D 打印机的基本结构与功能操作

3D 打印机一般可分为硬件与软件两个部分，硬件指机器的基本结构与功能，软件通常指的是它的控制系统。下面以一款基于 Ultimaker2 升级开发的 DIY 机型给大家讲解 3D 打印机的通用结构功能与操作调试方式，建议大家结合自己机器自带的说明书进行对比学习。

3.1.1　3D 打印机的硬件结构与功能

如表 3-1 所示，3D 打印机通常可分为六个主要功能组件：机架（外壳）、喷头、热床（带调温功能的打印平台）、三轴运动机构、送丝机构、控制面板、电气模块。

机架（外壳）：机架是整台 3D 打印机的骨架，支撑着整台机器，其他各功能组件安装在机架上并相互关联。桌面机型的机架与外壳大多是一体化的。

喷头：这是 3D 打印机的核心部件之一，是个很有意思的组件。如图 3-1 所示，喷头借助加热模块将塑料丝从固态变成熔融状态，经喷嘴将其喷到打印平台表面，然后借助冷却风扇经风道吹出冷却空气，使熔料快速固化。

表 3-1　打印机的基本功能组件

图　示	功 能 组 件
	1—机架（外壳） 2—喷头 3—y 轴驱动电动机 4—主板与电动机驱动模块（机器底部） 5—x 轴驱动电动机 6—z 轴滑动导轨 7—z 轴驱动丝杠 8—热床 9—控制面板
	10—x 轴滑动导轨 11—挤出机驱动电动机 12—挤出机 13—z 轴驱动电动机（机器底部） 14—y 轴滑动导轨 15—挂料架 16—USB 连线接口 17—电源开关 18—电源

图 3-1　喷头的功能结构

　　热床：通常把带调温功能的打印平台称为热床。如图 3-2 所示，热床面板是玻璃，下部是加热铝板，两者用四个金属夹子固定为一体，构成加热平台。平台固定板在加热平台下面，用三个呈品字形分布的微调螺钉与加热平台连接，其一侧装有丝杠螺母以及直线轴承，与 z 轴驱动丝杆及滑动导轨相连。

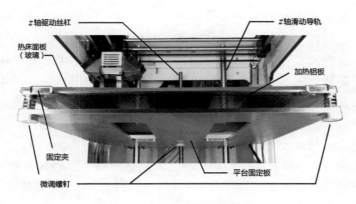

图 3-2　热床的功能结构

三轴运动机构：控制喷头或热床沿 x、y、z 轴方向运动的机构。不同机型的三轴运动机构有所不同，本机型 x、y 轴运动机构驱动喷头沿 x、y 轴移动，z 轴运动机构驱动热床沿 z 轴移动。如图 3-3 所示，y 轴驱动电动机以同步轮及同步带与 y 驱动轴相连，并借助微型位置开关，确保喷头在 y 轴的有效行程内移动。x 轴驱动机构原理与 y 轴相同，而 z 轴驱动机构更简单，直接通过直连在 z 轴驱动电动机的丝杠驱动热床沿 z 轴运动，同样的借助微型位置开关确保热床的有效行程范围。

送丝机构：挤出机、挤出机驱动电动机、导丝管和挂料架构成了 3D 打印机的送丝机构。如图 3-4 所示，塑料丝从挤出机底部穿上去，从挤出机的齿轮与压轮之间穿过，通过上方的快速接头穿进导丝管里面，最终把塑料丝输送到喷头。

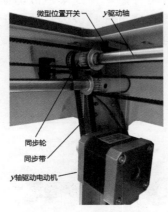

图 3-3　y 轴驱动机构

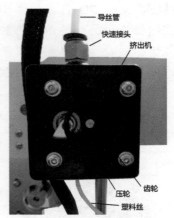

图 3-4　送丝机构

控制面板：这是 3D 打印机的人机对话组件。如图 3-5 所示，面板的正面有一个长方形窗口,其内部是单色液晶显示屏,用于显示 3D 打印机的工作状态以及系统操作的过程。面板的后方左侧有一个 SD 卡插槽,可以用 SD 卡储存程序进行脱机打印。显示屏的右面是操作旋转按钮,旋转按钮连接着微型旋转编码器,通过按钮的旋转以及按压,可以操作系统菜单选项并进行数据的输入与确认。在旋转按钮的下方,还可以看到有两个小圆孔,里面分别有一个轻触开关。左边的是急停开关,用于紧急停止工作中的 3D 打印机。右边的是复位按钮,用于恢复系统到初始状态。

　　电气模块:由主板、步进电动机驱动模块、液晶面板模块、电压转换模块组成,以实现对机器的机械运动控制、温控组件控制与冷却模块控制等功能。

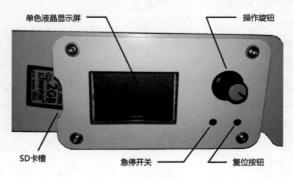

图 3-5　控制面板

3.1.2　3D 打印机控制系统菜单功能与操作

　　目前常见的 3D 打印机操作界面与方式有两种,一种是单色液晶显示与旋转按钮操作,另一种是彩色触摸屏操作。前者菜单选择较为复杂,但参数输入便捷。后者操作界面直观便捷,但参数输入相对繁复。本机选用第一种方式,如表 3-2 所示。开机后默认显示为信息界面,按下按钮即可进入主菜单,任意菜单界面下无操作 15s,将直接返回信息界面。

表 3-2　信息界面与主菜单

信 息 界 面	主 菜 单

（续）

图 标	功 能 说 明
1	喷嘴温度——区域中间是喷嘴的图案，中间的数字代表喷嘴的编号（此为单喷嘴机型喷嘴温度显示）。上方是设定温度，下方是当前实际温度，设定温度通常显示为 0℃，只有在打印程序正在执行的时候才显示为程序或手动设定的温度
2	热床温度——区域中间的图案代表热床。上方是设定温度，下方是当前实际温度，设定温度通常显示为 0℃，只有在打印程序正在执行的时候才显示为程序或手动设定的温度
3	风扇速率——区域上方的图案代表风扇（程序执行后将动态转动显示），下方的数字表示风扇当前转速与额定转速的百分比。由于开机后喷头后方的散热风扇会自动启动，因此显示为 1%，只有在喷头左右两侧的冷却风扇起动后才显示为当前冷却风扇实际转速与额定转速的百分比
4	喷嘴坐标——喷嘴在 x、y、z 轴的实际位置，喷嘴移动时将动态显示数值。当显示为"X:000.0 Y:000.0 Z:000.0"时，代表喷嘴回到坐标原点
5	打印速率——在打印过程中可根据实际情况需要，在信息界面中转动按钮即可改变打印速率，从而提高或降低打印速度，默认为 100%输出
6	打印进度——左边的 SD 卡图标代表该区域显示的是打印进度信息。右上方是计时器，从打印开始计时，打印完成后计时继续进行，直至手动执行系统回原点命令，实际打印时间将显示在下方的系统信息区（如"1 hours 30 minutes"，即 1 小时 30 分钟）。右下方是打印进度条，黑色表示已打印，白色显示未打印，用于直观显示打印进度（例如黑白色各占一半，代表打印已完成一半）
7	系统信息区——用于显示机器的工作状态，通常有如下几种： 存储卡已拔出：未插入 SD 卡 Heating…：喷头加热中 Bed heating…：热床加热中 Printing…：正在打印中 1 hours 30 minutes：打印实际时间 1 小时 30 分钟 Err:MAXTEMP：设备故障，喷嘴过热
8	返回箭头——带有返回箭头的选项，用旋转按钮选中并按下确认后，可返回到该选项的菜单页面
9	功能项选择——正反方向转动旋转按钮可上下选择当前页面相应的选项，选中的选项以黑底白字显示，按下旋转按钮将执行选中的功能选项
10	进入箭头——带有进入箭头的选项，用旋转按钮选中并按下确认后，可进入到该选项的下一级菜单

控制系统采用树状结构菜单，通过旋转按钮便可实现系统所有功能的操作。在待机状态下，主菜单中除了表 3-2 介绍过的信息界面外，还有"准备""控制""由存储卡"三大子菜单，如图 3-6 所示。准备子菜单中常用的是"自动回原点""预热 PLA""预热 ABS""移动轴"四项功能。控制子菜单有"温度""运动""恢复出厂设定"三个选项，常用的是温度选项中的"挤出头""热床""风扇速度""PLA 预热设定""ABS 预热设定"五个设置项，控制子菜单中的其他选项均为系统参数设置，通常按出厂设置即可。当 SD 卡正确插到卡槽后，进入由存储卡选项即可打开 SD 卡的根目录，在程序列表中选择所需的程序并按下操作按钮，机器将按程序设置开始打印。

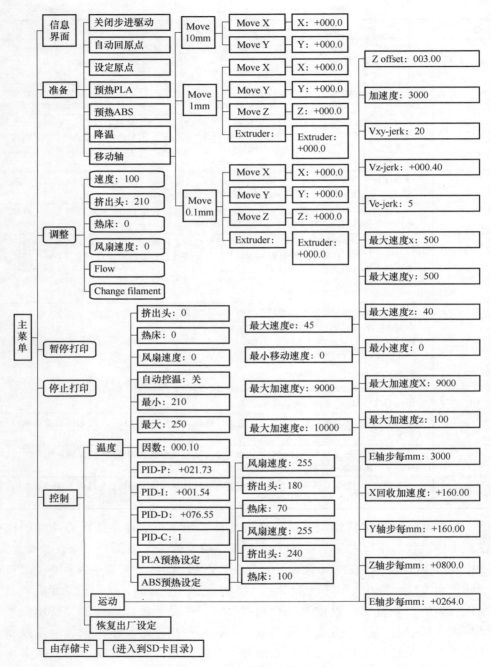

图 3-6　控制系统树状结构菜单

在打印的过程中，在信息界面按下按钮即可进入到主菜单，但此时的主菜单与待机时不一样，分为调整、控制、暂停打印、停止打印四个选项，如图 3-7 所示。调整子菜单六个功能选项，方便在打印的过程中调节打印速度、风扇速度、喷嘴与热床的温度。选择暂停打印，机器立即暂停工作，调整子菜单将变成控制子菜单，同时暂停打印选项变成继续打印，再次按动按钮机器将恢复工作继续打印。如果选择停止打印，打印过程将被彻底停止，机器需要执行自动回原点指令后，才能重新选择程序进行打印。

图 3-7　打印过程中的功能菜单

3.2 3D 打印平台的调平

俗语说：万丈高楼平地起。3D 打印的过程是逐层加工叠加成型，与建高楼大厦惊人地相似，因此也需要先平整地基——调平打印平台。由于 3D 打印机采用 2.5 轴运动方式（数控术语，指 x、y 轴可以同时运动，但 z 轴不能随 x、y 轴同时运动），所以在打印的过程中，打印平台不能随着喷头的移动而进行上下同步调整。因此必须要调平打印平台，保证打印件的第一层能均匀地附着在打印平台的表面。否则在打印过程中打印件将因固定不牢固而发生翘起、错位、倒塌等问题导致打印失败。

3.2.1 手动调平

手动调平是通用的打印平台调平方式，适用于众多的机型与操作系统。根据几何原理：不共线的三点确定一平面。打印平台通过品字形分布的三个调节螺钉进行调整，具体操作如下：

① ▶ 连接电源，按下电源开关，开启 3D 打印机。

② ▶ 在信息界面按下旋转按钮，进入主菜单。

③ ▶ 转动旋转按钮选择"准备"项，按下旋转按钮进入子菜单。

④ ▶ 转动旋转按钮选择"自动回原点"项，按动旋转按钮执行命令，喷头与打印平台将自动移至系统原点。菜单自动返回到信息界面。

⑤ ▶ 在信息界面下按动旋转按钮，进入主菜单。

⑥ ▶ 转动旋转按钮选择"准备"项，按动旋转按钮进入子菜单。

⑦ ▶ 转动旋转按钮选择"移动轴"项，按动旋转按钮进入子菜单。

⑧ ▶ 转动旋转按钮选择"Move 1mm"项，按动旋转按钮进入子菜单。

⑨ ▶ 转动旋转按钮选择"Move Z"项，按动旋转按钮进入子菜单。

⑩ ▶ 当前菜单显示为"Z：+208.0"，转动旋转按钮直至菜单变为"Z：+000.0"（208.0 是本机系统已固化设置好的 z 轴行程，不同的机型 z 轴行程可能不一样）。在转动按钮的过程中，打印平台将同步向上移动。旋转按钮下面是一个带开关功能的 20 位脉冲旋转编码器，也就是说旋转按钮转动一圈会有 20 个档位。这里要注意的是一定要逐档转动旋转按钮，让打印平台逐步上升，切忌一下子把旋转按钮旋到 000.0，否则 z 轴驱动器容易因失步导致打印平台直接撞到喷嘴上停不下来，严重的会造成打印平台与喷头的损坏。万一遇到撞上后停不下来的情况，要立即关掉打印机或者直接断掉电源，检查无碍后再重新执行上述步骤。

⑪ ▶ 关掉 3D 打印机并断开电源，检查喷嘴与打印平台表面的距离。如果喷嘴碰到打印平台表面，需收紧微调螺钉，确保喷嘴离开打印平台表面。当微调螺钉全收紧而且不再有调整空间时，如果喷嘴仍然碰到打印平台，则有可能是上一个步骤 z 轴驱动电动机失步严重所致，需重新执行上述十个步骤。如果多次执行上述十个步骤仍出现这种情况，又或者微调螺钉全松开了喷嘴仍与打印平台有较大距离，就有可能是 z 轴位置开关设置不合理导致，需要调整 z 轴行程限位螺钉。通常这种大幅度超出行程范围的状况多出现在 DIY 机型调试的过程中。

⑫ ▶ 放一张 A4 纸（普通 80g/m²的 A4 纸厚度为 0.1mm）到打印平台表面，如图 3-8 所示，手动匀速将喷头移动到左下角，调节微调螺钉，使得喷嘴与打印平台表面的距离刚好是 A4 纸的厚度，判定标准是 A4 纸刚好能被手拉动并略带阻滞感。相同方法调整另外两个微调螺钉区域的距离，注意三个位置拉动 A4 纸的手感要一致。三个位置调节完毕后用 A4 纸再从头检测一次，进一步微调处理。

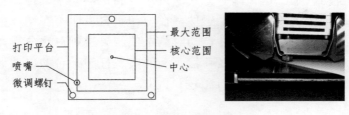

图 3-8　打印平台调整示意图

　　上述就是本机型打印平台手动调平的基本步骤，基本分为三步：首先将机器自动回到原点，然后将打印平台移动到 z 轴零点，最后借助 A4 纸在打印平台的多个位置调整喷嘴与打印平台表面的距离。其他机型可按照这个原理，根据自身系统的操作方式，进行打印平台的手动调平。

　　然而，按照上述步骤进行打印平台调平后，在打印的过程当中仍然会出现打印件脱离打印平台的情况，除了材料以及参数设置等因素外，一个重要的原因就是打印平台不平！理论上绝对平整的打印平台只需调节三个不同位置即可调平，但实际上看似平整的打印平台表面会出现中间高四周低或者中间低四周高的情况，甚至会有轻微的扭曲。如图 3-8 所示，如果在最大范围上调平后，将喷头移动到中心的位置，发现喷嘴到打印平台表面的距离过小或过大的时候，需要将最大范围缩小至核心范围进行重新调平。核心范围的大小没有具体标准，需要逐步调节，尽量缩小中心与调平位置的差距，达到一个平衡状态。通常打印的时候打印件基本都是集中在打印平台的中心位置，因此尽管最大范围（安全范围）缩小了，但仍然能满足大多数的打印需求。但如果核心范围太小，或者打印平台表面存在较大扭曲的时候，就需要更换打印平台的表面了。至此，手动调平才算彻底完成。

3.2.2　软件调平

　　借助 Cura、Simplify3D 等切片软件，根据里面自带的调平功能，可对打印平台进行软件调平。软件调平的原理与手动调平基本一致：首先用 USB 数据线将 3D 打印机连接到计算机上，计算机需安装好 Cura、Simplify3D 等带调平功能的切片软件，以及 3D 打印机的驱动程序，并确保计算机与 3D 打印机通信正常。然后运行软件进入调平功能，发送指令使喷头与打印平台回到原点。接着发送指令使打印平台回到 z 轴 0 点的位置。最后按手动调平最后两个步骤进行最后的调整，相关的细节要点与手动调平相同。

　　除了上述常见的软件调平方式外，还有一种需要硬件配合的软件调平方式,称之为自动调平。这种调平方式通过运行固化的调平软件,驱动安装在喷头以及打印平台上的自动调平组件,在打印平台表面不在同一直线的三个测试点进行逐点多次测量。软件自动对测量的结果进行对比分析,并根据分析的结果对打印平台进行平面度补偿,从而实现打印平台的自动调平。自动调平常见于选用并联打印机构的 3D 打印机。

3.3 3D 打印平台的表面处理

在 3D 打印的过程中,第一层的打印至关重要,它起到打印件与打印平台的连接作用。打印件在逐层叠加的打印过程中,已完成的打印层将逐步冷却,由于热胀冷缩的原因,打印件会发生一定程度的收缩。倘若第一层不能均匀紧密地与打印平台表面黏合,又或者是打印参数设置不当导致打印件温度局部变化过大,第一层在应力的作用下逐渐翘曲变形,造成打印件与打印平台表面接触面积慢慢减少,最终使打印件脱离了打印平台导致打印失败。

打印高质量的打印件第一层有两个关键点:第一,水平且平整地打印平台表面,再加上喷嘴与打印平台表面之间的距离合适,可使打印件的第一层均匀紧密地附着在打印平台表面。第二,第一层与打印平台表面之间合理的附着力,可抵消掉收缩过程中引起翘边变形的应力,确保打印件在打印过程中可靠地黏着在打印平台表面,并且在打印完毕后便于取下打印件。下面将介绍几种增强附着力的常用方法。

3.3.1 热床加热

借助热床的加热铝板将热床面板加热至程序预设的温度,该温度值为打印耗材(塑料丝)接近熔融状态时由硬变软的温度。例如通常打印 PLA 时热床设置成 70℃,打印 ABS 时设置为 100℃。塑料丝在该温度下变得可以流动,当热床在打印过程中恒定在该温度时,打印件第一层就像胶水一样将打印件与热床面板黏合在一起。当打印结束后,随着热床的温度降低,第一层因收缩固化而逐渐从热床面板上脱离,使打印件可以轻易地从热床上取下来。

不同机型的 3D 打印机,其热床的加热、调平、固定等机构基本相同,但热床面板却有多种选择。如图 3-9 所示,常见的有玻璃面板和塑料面板两类。

图 3-9 常见的热床面板（右图来源：太尔时代）

大多数热床配置的是玻璃面板，常见的有高硼硅玻璃以及黑晶玻璃两种。高硼硅玻璃具有透光性好、耐高温、高硬度、高强度等特点。黑晶玻璃通常为黑色并且可透光，具有耐高温，不易破裂，热传导能力强等优点。两种玻璃都耐高温，且强度高，适合热床快速升温与降温的使用要求，但相比之下高硼硅玻璃的强度与硬度更好，而黑晶玻璃的热传导能力更强。因此高硼硅玻璃面板更耐用，黑晶玻璃面板受热更快更均匀。

常见的塑料面板用耐高温的环氧树脂制作，表面密布排列整齐的圆形小通孔，通常称之为洞洞板或面包板。与玻璃面板相比，塑料面板的强度更高，但表面硬度较低、热传导能力较弱，其附着力主要靠小通孔实现。在打印第一层的时候，每当喷嘴经过小通孔时，部分熔融状态的塑料会被挤进小通孔，等第一层打印完毕之后，这些密布在第一层底部挤进小通孔的塑料冷却固化，像爪子一样牢牢抓住塑料面板，所以打印完毕后还需对底部进行精修。

使用热床加热，还需要注意如下几点：

① ▶ 打印过程中尽量不要接触热床以免烫伤。多看控制面板的液晶显示屏，养成跟踪实时打印信息的习惯。打印完毕要先看清当前热床的实时温度，等温度降至安全范围内再进行打印件拆卸。

② ▶ 在冬天温度较低的时候使用热床打印，会出现热床升温慢，温度不稳定的情况。这时需要关闭门窗，以免室外吹进来的寒风影响热床的恒温，在安全的前提下尽量封闭打印机的开放空间，利用空调等供暖设备保持室内恒温并采用排气扇换气。这点对于严寒地区的用户尤其重要。

③ ▶ 对于 DIY 机型的用户，在热床使用之前，必须检查发热模块以及测温探头是否连接正确，线路接头是否紧固可靠。开机后观察液晶显示屏的当前温度是否正常，然后对热床进行加热测试，看是否能达到设定的温度并保持恒温。测试没问题后才可以使用热床加热。

3.3.2　美纹纸

在使用玻璃面板热床加热打印时，由于玻璃的表面非常光滑，所以当玻璃表面不够平整，或者热床恒温性能较低、玻璃受热不均匀，又或者是打印 ABS 之类收缩率较大的材料时，仍然会有第一层翘曲的情况发生。如图 3-10 所示，选择美纹纸配合热床加热，是一个不错的解决方法。

图 3-10　美纹纸的使用（图片来源：极光尔沃）

美纹纸是胶黏带的一种，表层是经过特殊处理的皱纹纸，底下是固态的胶黏剂。与普通胶黏带相比，美纹纸具有耐高温、不留残胶的特点，而且黏结力强，服帖性高，可直接用手撕开。由于表层的皱纹纸粗糙，因此接触面积更大，从而提高了玻璃面板的附着力。其耐高温、不留残胶的特点，使美纹纸在失效或者破损时可以很方便地撕下来重新更换。在使用美纹纸的时候需要注意如下几点：

① 美纹纸的种类繁多，其耐高温的范围也各有不同。这里建议选用长期耐温性达 130℃ 的美纹纸，可满足 PLA 与 ABS 的打印需求。

② 玻璃面板表面如果有油污、粉尘等异物，将严重影响美纹纸的粘贴效果，甚至在加热打印的过程中出现美纹纸脱落的情况。所以在粘贴美纹纸之前，必须对玻璃面板进行清洁，确保表面无水珠以及油污，清除表面的粉尘以及污迹。建议先将玻璃面板取下来，然后用湿毛巾加洗洁精对其表面进行彻底清洗后用干布擦干，最后用超纤布擦掉表面附着的粉尘或者纤维。除了超纤布，用普通的透明胶带轻轻地粘贴玻璃表面，也可以将附着在玻璃表面的异物彻底清理干净。

③ 过窄的美纹纸会增加粘贴的次数，两条纸带之间容易出现间隙或者重叠。过宽的美纹纸粘贴的时候容易出现起泡或者起皱的现象。宽度为 48mm 是个比较合适的美纹纸规格。粘贴的时候，应避免使用硬物刮美纹纸的表面，以免降低其附着力甚至刮破。必须保证美纹纸完全黏

附到玻璃面板表面，无起泡、起皱现象，纸带之间不能出现重叠，并尽量减少间距。

④ ▶ 粘贴或者更换美纹纸，并把玻璃面板装回热床之后，需要重新调平热床，调整喷嘴与美纹纸之间的距离为普通 A4 纸厚度。

3.3.3　PVP 固体胶

增强热床玻璃面板表面附着力，除了可以粘贴美纹纸之外，还有一种常用的方法就是涂 PVP 固体胶。PVP 是一种水溶性的高分子聚合物，以其为主料制作的固体胶具有保湿性好、黏度高、无毒环保等特点，其水溶性的特性使残留在打印件底部的固体胶可直接用水清洗干净。

与美纹纸通过增加接触面粗糙度来提高附着力所不同的是，PVP 固体胶以胶水直接提供黏着力的方式提高玻璃面板表面的附着力。作为胶水家族的一员，PVP 固体胶的黏着力同样受到胶水配方里增塑剂与增黏剂的比例、环境的湿度和温度等因素的影响。无法通过改变购买的 PVP 固体胶成品的成分比例来调整其黏性，但可以通过改变打印环境的湿度与温度对黏性进行调节。一般来说，胶水的黏度随环境湿度的增加而提高，随环境温度的升高而降低。

温度因素：通常打印 ABS 一类的材料，热床温度要恒定保持在 100℃，如果气温特别低则热床温度还需在此基础上提高。打印 PLA 一类的材料，可以在室温下直接在涂有 PVP 固体胶的玻璃面板上进行打印，无须对热床加热。但是当室温较低时，由于过低的温度会使第一层固化过快而降低塑料本身的黏附能力，所以尽管湿度正常，却仍然会出现第一层从玻璃面板上脱落的情况。因此当室温低于 10℃ 的时候打印 PLA，需要把热床温度恒定控制在 30℃，如温度特别低时，热床温度还要在此基础上相应地提高。

湿度因素：导致打印环境中湿度降低的原因主要有三个。第一个是气候因素，我国的气候通常春夏湿润秋冬干燥，所以秋冬季节需要增加湿度。第二个是空调的使用会造成湿度降低，空调制冷时会使室内空气的水分冷凝并排出室外；空调制热时由于空气温度升高，导致相对湿度降低。第三个是热床加热，随着热床温度上升，玻璃面板表面的 PVP 固体胶会逐渐变干使得黏性降低。

在使用 PVP 固体胶增强玻璃表面附着力时需要注意如下几点：

① ▶ 如图 3-11a 所示，选购 PVP 固体胶时，一定要注意是 PVP 而不是 PVA，PVA 固体胶含有甲醛具有一定的毒性。

a)　　　　　　　　　　　b)

图 3-11　PVP 固体胶的使用

② ▶ 如图 3-11b 所示，涂胶的时候尽量保持胶水瓶垂直于玻璃面板，这样涂胶的力度会更均匀，而且可以最大限度地利用整支 PVP 固体胶，避免浪费。涂胶采用单层均匀、多层叠加的方式，先横向涂好第一层，然后在第一层上纵向涂第二层，再横向地在第二层上涂第三层，如此交叉叠加直到黏性足够。无须对整个玻璃面板表面进行涂胶处理，涂胶面积大于打印件底部与玻璃面板的接触面积即可。涂胶后的玻璃会变成半透明，如果玻璃表面局部出现白色区域就是胶层过厚，需要手工减薄。

③ ▶ 相同的环境下不同品牌的 PVP 固体胶，其黏性以及稳定性存在一定的差异。根据实测的经验，通常以室温 25℃，相对湿度 50%为测试条件，在无加热的光洁玻璃面板上连续均匀涂五层胶水后的黏度相对合适。直观一点就是初夏时节，衣物摩擦没有静电的时候，三层 PVP 固体胶的黏度。一般来说胶水的厚度低于三层黏性不足；超过五层黏性再增加则没有明显的提高，反而容易造成第一层打印时在喷头移动下打滑。

④ ▶ 在干燥的秋冬季节可以使用加湿器来提高室内的湿度，在使用空调的时候可以在房间放一小盆水来避免湿度过低。当发现玻璃面板上 PVP 固体胶黏度降低时，可以通过增加涂胶层以及补水增湿两种方法进行改善。需要注意的是，这里的增加涂层的前提是胶水变干黏度降低，因此合理增加涂层厚度不会导致第一层打滑。但如果使用热床加热，并且多次使用后涂胶层变干而且过厚时，需要把玻璃面板取下来用水把胶层清洗干净后，按之前的步骤重新涂胶。

⑤ ▶ 补水增湿是 3D 打印常用的方法，一般有两种：第一种是用小型喷雾瓶，把雾化后的水喷到胶层表面增加胶水黏度，尽管这个过程是在完全断电时进行，但沿着瓶身滴落的水珠很容易接触到电气部分

造成事故。第二种是用水完全浸透超纤抹布或者纳米海绵并挤掉多余的水分，然后将其轻按在胶层的表面，使得水分转移到胶层从而提高黏性。注意切勿使用纸巾或普通毛巾，否则残留到胶层上的衣物纤维会影响到打印件第一层的附着效果。挤掉多余水分后一定要先用干布擦干双手再进行下一步操作，以免手上的水珠滴落到电气部分造成危险。同样是在完全断电的情况下进行，尽管第二种方法比第一种安全，但仍然存在安全隐患，在这里不建议大家使用这两种补水增湿的方法。

⑥ ▶ PVP 固体胶层黏性降低时，建议大家增加涂胶层数；当胶层变干变硬或者比较厚的时候，建议大家把胶层清洗掉重新涂胶。

3.4 打印耗材的安装与更换

正所谓"万事俱备，只欠东风"，现在已经把 3D 打印机调试完毕，只需把打印耗材正确安装好，就可以开始打印了！下面就给大家说说打印耗材安装与更换的方法以及相关的要点。

3.4.1 耗材的安装

在耗材安装之前，再确认一遍塑料丝的直径以及塑料丝的材质是否符合当前打印机的要求，然后按如下步骤进行手动材料装载。

① ▶ 打开耗材包装盒，从真空袋中取出一卷塑料丝，移除料盘上的保护配件。

② ▶ 如图 3-12 所示，将料盘安装到挂料架上并固定好。不同机型的挂料架与挤出机可以处于同一高度，也可以高于或低于挤出机，但必须保证材料的输出方向与挤出机的送料方向一致。比如本机型由于塑料丝是自下而上地穿过挤出机，所以正确安装的料盘在转动时塑料丝能顺畅地自下而上输入到挤出机。选用 DIY 机型的朋友，可以制作出转动、滚动等多种方式的挂料架，尽管结构不同，但必须和同一台机器挤出机的送料方向一致。不管选用的是哪一种 3D 打印机，安装料盘的时候切勿反方向安装，而且料盘必须转动顺畅无卡顿，塑料丝不能出现纠缠的情况，否则将严重影响送丝的质量！

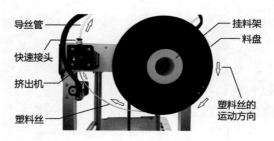

图 3-12　料盘的安装

③ 如图 3-13 所示，用剪刀剪掉一小段塑料丝，剪断时使剪刀与塑料丝成 45° 夹角，这样可以得到削尖的塑料丝。在关机断电的状态下，将塑料丝从挤出机底部的进料口推进去，使塑料丝从挤出机内部的压轮与齿轮之间通过，最终从顶部的快速接头穿出并进入到导丝管。由于塑料丝通过之前，压轮紧贴在齿轮上，因此要削尖塑料丝才能顺利挤过去。当塑料丝通过齿轮与压轮之后，有可能因为塑料丝呈弯曲状态而顶住快速接头或者导丝管的接口端，使塑料丝不能顺利穿进导丝管。这时我们需要把塑料丝拔出来，用手掰直后重新穿进去。

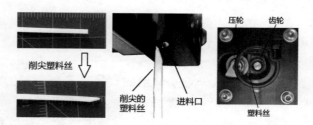

图 3-13　塑料丝的安装

④ 当塑料丝进了导丝管后，需要手动将塑料丝逐段推向喷头。可以透过半透明的导丝管看到塑料丝的推进过程，当塑料丝从导丝管另一端出来后直接进入到喷头，此时要继续推进一段距离，塑料丝才能到达喷头的加热部位。当塑料丝用手推不动的时候，保持推动姿势五秒钟以确保到底。假如此时喷嘴温度达到 185℃以上，会发现塑料丝可以继续缓慢推进，喷嘴会随着塑料丝的推动而喷出塑料。在逐段推动塑料丝的时候，要把每段的距离控制在 20mm 左右，因为推动过程有一定的阻力，过长的推动距离很容易造成塑料丝的折断。至此，耗材正确安装完毕。

上述手动安装耗材的方法普遍适用于桌面级 3D 打印机。某些机型的系统自带耗材的安装与卸载功能，其基本原理是先启动系统的耗材装载功能，然后将削尖的塑料丝插入挤出机的进料口，转动中的齿轮与压轮将夹持塑料丝并将其推入导丝管直至塑料丝到达喷头的加热部位。大家可根据自己机器的说明书进行操作。

3.4.2 耗材的更换

在打印的过程中，总会遇到下面的一些状况：当前装在机器上的料还没用完，如果我想换另外一种颜色的料该如何操作呢？模型才打印了一半但料盘的料已经不够了，我要怎样操作才能把新料换上去继续完成打印呢？下面我们给大家介绍下耗材更换的方法与要点。

待机中更换耗材：除了 3D 打印机正在按打印程序进行打印，其余时间都可看作打印机的待机时间。待机中更换耗材可分为如下两种情况：

① 打印刚完成马上更换耗材。由于打印刚完成，喷嘴尚未降温到当前塑料固化的温度，可以马上关掉打印机，立刻手动把塑料丝从挤出机抽出来并将其装回料盘上的固定卡位，然后卸下料盘，把另一盘料装回挂料架并按前面介绍的方法安装耗材。如果不关掉打印机，在开机的状态下换料，可能会因为挤出机驱动电动机被锁定而无法拉动塑料丝。这个时候需要执行"主菜单"中"准备"子菜单下的"关闭步进驱动"命令，把挤出机驱动电动机关掉后再进行抽丝换料的步骤。在抽丝的过程中一定要沿着挤出机进料口逐段往外拉，注意力度要均匀，每一段不要太长，以免导致塑料丝折断。

② 打印之前更换耗材。由于此时的喷嘴温度远低于塑料的熔融温度，因此换料之前要先对喷嘴进行加热。可以执行"主菜单"中"准备"子菜单下的"预热 PLA"或者"预热 ABS"命令（按当前塑料丝材质选择），但这个方法要先执行热床加热后再进行喷嘴加热，耗能费时不实用。可以执行"主菜单"→"控制"→"温度"→"挤出头"命令，将挤出头温度设置成当前塑料的熔融温度。待喷嘴温度达到预设值时，便可进行抽丝换料的步骤了。

打印中更换耗材：在打印过程中发现材料不足，或者想更换另一种颜色的材料继续打印，就需要进行打印中更换耗材的操作。当打印中需要更换材料的时候，执行"主菜单"→"调整"→"Change filament"命令。此时热床会下降一段距离，挤出头随即移动到热床的左下角位置，系统回到信息界面并且菜单栏显示"Change filament"，这时就可以进行抽丝换料了。换料后要手推塑料丝，观察喷嘴挤出的材料状态。当喷嘴出丝均匀时（如果是换色还要等到原色被彻底更换），按下操作面板上按钮，喷嘴与热床将重新回到之前中断的位置继续打印。

待机中更换耗材，不但可以更换耗材的颜色，还可以更换耗材的材质。如果要把 PLA 换成 ABS，需要把喷嘴加热到 210℃再进行抽丝换料，待 ABS 塑料丝把 PLA 挤出来之后再把喷嘴加热到 230℃，然后继续手推塑料丝直至喷嘴出料均匀才算换料成功。如果要把 ABS 换成 PLA，需要把喷嘴加热到 230℃再进行抽丝换料，待 PLA 塑料丝把 ABS 挤出来之后再把喷嘴温度降到 210℃，然后继续手推塑料丝直至喷嘴出料均匀才算换料成功。打印中更换耗材，只能进行同种材质的更换。虽然数据表明 PLA 与 ABS 在 230℃时都处于熔融状态，但 230℃是 PLA 的最高熔融温度，再加上材质本来就存在差异，因此 230℃时很容易因 PLA 发生炭化而导致喷嘴堵塞。这里建议大家尽量减少材质的更换以避免喷嘴堵塞的发生。

第 4 章

3D 模型的准备

一个初夏的午后，某 3D 打印社区出现了菜鸟 A 与大虾 B 的一段对话：

菜鸟 A：大虾，我已按你的方法把打印机都调试好了！

大虾 B：装机速度还不错啊，现在可以建个模型试试你的机器了。

菜鸟 A：建模？我没学过 3D 建模软件，不会建模怎么办？

大虾 B：那就拍张图片用平面设计软件处理一下，然后试着把它打印成浮雕。

菜鸟 A：用手机拍照没问题，但我不会用平面设计软件，怎样后期处理呢？

大虾 B：2D、3D 软件你都不会啊？那上网你总会了吧！

菜鸟 A：这个当然会啦，我每天都得上网聊天看网页的。

大虾 B：那行，我就教你如何上网找模型吧。不过我建议你平时少上网多学习，要想更深层次地掌握 3D 打印技术，认真学习相关的建模件是很有必要的。

......

看到这里，相信很多读者朋友会有与菜鸟 A 相似的经历：会上网聊天，会看网页，但对平面设计以及 3D 建模软件一窍不通。模型是整个 3D 打印流程中核心的环节之一，驱动打印机工作的程序就是使用切片软件基于模型而生成的。那么，不懂得建模，岂不是玩不转 3D 打印？非也！可以通过互联网从一些模型共享平台上获取免费的 3D 模型或者付费定制 3D 模型。这里要感谢创客精神，感谢创客、设计师、玩家们的分享，正是这个群体推动着 3D 打印的发展与普及！

本章主要讲述模型的获取与准备。首先介绍一些从互联网获取模型的途径与方法，然后给大家介绍一些常见的建模方法及相关的软件，最后还会给大家介绍一下模型质量的判定标准以及模型的简单修复。

4.1 从互联网上获取 3D 模型

近年来 3D 打印技术之所以在全球范围内迅速推广，其中一个重要原因是它与计算机以及互联网紧密结合。通过互联网下载模型，是当前最常用的 3D 模型获取手段，下面就给大家介绍几个国内外比较有代表性的模型共享平台。由于部分模型共享平台为英文网站，普通读者在访问过程中会有一定的语言障碍，建议大家结合浏览器的翻译插件进行整页翻译或者借助独立的翻译软件进行浏览。

4.1.1 Thingiverse 模型共享平台

MakerBot 公司旗下的 Thingiverse 是目前全球最大的 3D 模型共享平台。使用浏览器登录网页 http://www.thingiverse.com/即可访问，如图 4-1 所示。

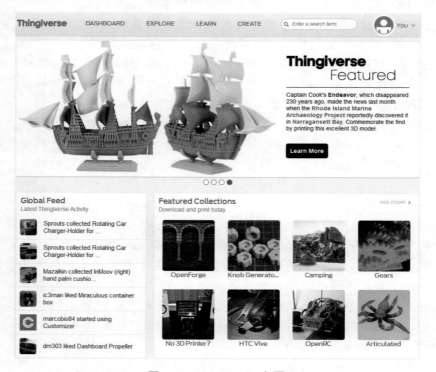

图 4-1　Thingiverse 主页

网页顶部是菜单栏，功能如图 4-2 所示。单击左上角的"Thingiverse"

标志可在网站的任何界面跳回到主页。右上角是"SIGN IN/JOIN"选项，只有注册并登录网站，才能使用"DASHBOARD"以及"CREATE"的全部功能，而且登录后界面也会变成个人信息菜单。"DASHBOARD"主要用于整理我们所关注的一些创客以及设计师，他们页面的更新内容会在这里显示。"CREATE"包含两项内容，"UPLOAD A THING!"是用于上传自己创作的一些模型；"CUSTOMIZE A THING"是用于定制模型，不但可以对可定制模型进行个性化修改，还能在 3DHubs（一个基于网络的 3D 打印机共享服务平台）下单，完成支付后可以在预定的时间内拿到自己的定制产品。"LEARN"是 Thingiverse 的学习区，不仅可以在其下的"THINGIVERSITY"中找到一些资深的 3D 打印导师，或者参与各类 3D 打印比赛，还能在"JUMPSTART"里学习一些常用的 3D 打印建模软件。在"SIGN IN/JOIN"左边的是站内搜索引擎，输入英文的关键词可进行网站内搜索。

图 4-2　Thingiverse 菜单栏功能

如果说 Thingiverse 是"菜鸟"的圣地，那么"EXPLORE"就是圣地里的珍宝阁，要找的 3D 模型就收藏在"EXPLORE"里面。如图 4-3 所示，单击进入菜单栏中"EXPLORE"下拉菜单里的"THINGS"选项时，在新的页面里，会发现页面中的"EXPLORE"与菜单栏的有所不同。

图 4-3　不尽相同的"EXPLORE"菜单

先介绍菜单栏的"EXPLORE"，单击"THINGS"进入到模型界面，所有模型将展示出来，单击感兴趣的模型便可进入到该模型的页面。单击"GROUPS"进入到分组界面，这里将模型以组为单位，按机型、软件、国家等进行归类，单击进去可找到相关类别的模型。单击"CATEGORIES"进入到分类界面，里面将模型分为十类，单击即可进入该类别的模型页面。单击"CHALLENGES"进入到模型挑战区界面，在这里可以参与众多的 3D 打印比赛。单击"APPS"进入到应用软件界面，这里给大家介绍了众多 3D 打印相关软件。

页面中的"EXPLORE"主要方便在"THINGS"里快速查找模型，菜单结构如图 4-4 所示。注意类别菜单中的"COLLECTIONS"没有细分菜单。细分菜单里的十个分类选项有各自相应的子菜单，大家可以按此操作方式进一步筛选模型。

图 4-4　页面中的"EXPLORE"功能

下面选一个模型并进入其页面，给大家介绍一下模型页面的具体操作方法，如图 4-5 所示。单击作者的头像可进入作者的主页。选中图片栏任意一个图片、视频或模型，均可在视图区显示或播放。如果选中的是模型，还可以单击视图区右上角的"Thingiview"图标动态查看模型，按住鼠标左键移动鼠标可以旋转模型，拨动鼠标滚轮可以放大或缩小模型。当"Thingiview"变成"Exit"时，视图区进入模型动态查看状态，按"Exit"将退出该状态。

页面中"DOWNLOAD THIS THING!"就是模型下载按钮，即便是没有登录网站，仍然可以下载模型。如图 4-6 所示，当单击下载按钮时，首先会弹出一个提示对话框，其左边是关于该模型的 CC（Creative Commons，知识共享的简写）权限，其右方是 Thingiverse 给出的一些使用与分享的建议。然后再弹出下载对话框（对于不同的浏览器其位置与样式有差别），单击保存即可。在这里希望大家能自觉遵守 CC 权限，尊重每一位创客、设计师的劳动成果。

　　如果登录了网站，还能使用下载按钮下方的三个功能。单击"CUSTOMIZE"进入定制功能，可使用里面提供的软件对当前模型进行编辑修改。单击"ORDER THIS PRINTED"可进入打印服务共享平台，对该模型进行付费打印与配送。单击进入"TOOLS & UTILITIES"，里面有两个基于云计算的工具。"MakePrintable"用于模型的编辑与修复，"Kiri:Moto"用于模型的切片以及打印程序的生成。这两个软件的功能相对简单，但较低的网速会降低软件响应以及程序生成的速度。

图 4-5　模型页面操作方法

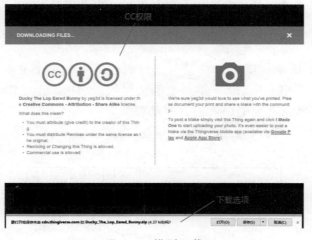

图 4-6　模型下载

在页面的功能区里面有七大功能，主要用到的是"Thing Details（模型详解）"与"Thing Files（模型文件）"。如图 4-7 所示，"Summary（摘要）"主要讲述模型的创作理念或者使用的工具等相关信息。"Instructions（使用说明）"详细讲解模型的打印材质、选用机型、打印相关的参数、装配的方式及其要点等内容。"Instructions"下面是更多的同类模型，单击图片可直接进入该模型的页面。"Thing Info（模型信息）"主要显示访问量与下载量。"Tage（标签）"的使用便于模型的分类。页面右下角是许可证及其使用的方法，如需将打印产品公开展示，必须按这里的方法操作。

图 4-7　Thing Details 使用方法

如图 4-8 所示，既可以在模型文件列表里下载单个文件，也可以单击"DOWNLOAD ALL FILES"下载全部文件的压缩包。而"Comments"功能还可以跟作者以及其他的用户进行互动交流。

图 4-8　Thing Files 使用方法

4.1.2　YouMagine 模型共享平台

　　YouMagine 是 Ultimaker 公司旗下的全球知名 3D 模型共享平台。使用浏览器登录网页 http://www.youmagine.com/ 即可访问，如图 4-9 所示。YouMagine 也是一个无须注册登录就可以下载模型的共享平台。

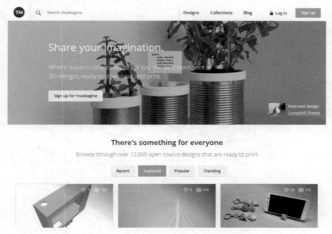

图 4-9　YouMagine 主页

　　如图 4-10 所示，YouMagine 的模型放在菜单栏的"Designs"与"Collections"里。"Designs（设计）"分成四个主要分类，选任意一个后，可根据明细分类进一步筛选模型。"Collections（收藏）"里面是模型的分类收藏。单击任意一款模型可直接进入其相关的页面。

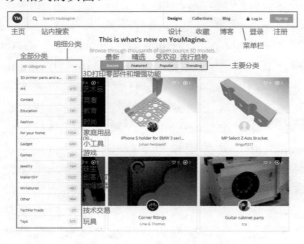

图 4-10　Designs 页面

　　如图 4-11 所示，下方的图片栏列出模型的缩略图以及 3D 模型等项目，当选中 3D 模型时视图区将进入模型查看模式。按住鼠标左键移动可旋转模型，拨动鼠标滚轮可缩放模型。单击视图区右上角图标可打开模型信息列表。单击视图右下方设置菜单按钮，可开启或关闭显示栅格或者自动旋转镜头功能。其右边的问号图标是帮助菜单。视图区右下角是全屏显示按钮。

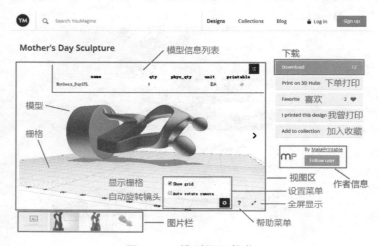

图 4-11　模型页面操作

　　模型页面右上方的"Download"是模型下载按钮，单击可下载内含图片、模型文件、授权信息等文件的压缩包。登录后，还可以使用下面的下单打印、加入收藏等四个功能。视图区的右方还有作者信息栏，登录后还可以单击"Follow user"关注作者的动态信息。

　　如图 4-12 所示，在模型页面图片栏的下方有一个功能区，里面有"Information""Materials and methods""Documents""Activity"四个选项。这里要注意，有些模型的功能区没有"Materials and methods"，另外三项是功能区的基本构成选项，单击任意选项即可跳转到相应的区域。"Information"区域分为模型的分类与标签、模型的使用权限、模型的简介三个部分。"Materials and methods"区域包含模型材质以及打印工艺等相关信息。"Documents"是关于模型下载及相关设置信息的重要区域。如图 4-13 所示，单击设置按钮将弹出一个下拉菜单，里面是关于层高、壁厚、填充密度等打印参数的推荐设置数据。鼠标移动到功能按钮将自动弹出功能下拉菜单，里面有编辑工具以及共享打印平台两项功能。在图 4-12 中，"Activity"区域是关于该模型的一些互动信息，登录网站后可参与互动交流。还可以通过右上方"Share"区域提供的多种途径分享模型。

"Designs by MakePrintable" 区域列出了作者的其他设计作品。"Related designs" 区域整理了一些与该模型相关的其他作者的设计作品。

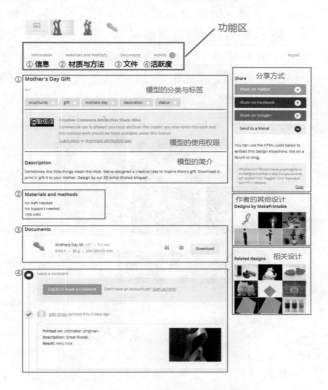

图 4-12　模型页面功能区说明

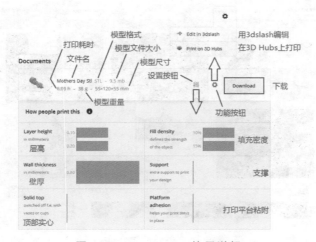

图 4-13　Documents 使用详解

4.1.3　MyMiniFactory 模型共享平台

MyMiniFactory 与前面介绍的两个模型共享平台不一样，它不隶属于 3D 打印机生产商，却为众多的 3D 打印公司提供模型平台支持，与全球最大的 3D 打印零售商英国的 iMakr，丹麦 3D 打印技术公司 Create it REAL 等众多知名的 3D 打印公司紧密合作。如图 4-14 所示，使用浏览器访问网页 https://www.myminifactory.com/，这里的模型也是免注册登录就可以下载使用。

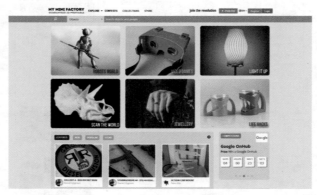

图 4-14　MyMiniFactory 主页

支持多语言访问是 MyMiniFactory 的一个很人性化的特点，目前支持包括中文在内的八种语言。如图 4-15 所示，选择右上方多语言设置下拉菜单中的"Chinese"选项，网页将跳转至中文界面，浏览器的地址栏也变成了 https://www.myminifactory.com/cn/，也可以直接访问该地址进入中文界面。

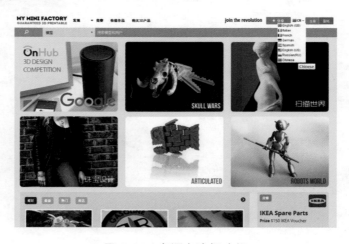

图 4-15　多语言访问功能

　　需要注意的是多语言选项针对的是网站的界面语言，由于创客、设计师们来自世界各地，并且多以英语为交流语言，所以网页以及图片内容主要还是英语。虽然进入了中文界面，但部分界面选项因翻译等问题仍然以英文显示，即便如此，还是降低了浏览难度。下面在中文界面下继续介绍网站的使用。

　　在网页的左上角是主页图标，任意页面下单击该图标可直接返回主页。主页图标下方是搜索引擎，可从"模型""商品""用户""渠道"四个分类中搜索相关的模型或用户。主页图标右方依次是"发现""竞赛""收藏作品""购买 3D 产品"四个功能菜单。"发现"菜单有两种操作方式：第一种是单击"发现"图标直接进入模型的分类页面，在这里模型被分成十二类，可直接单击进入相应类别的模型页面；第二种是将鼠标移动到"发现"图标后会弹出一个分类下拉菜单，一共有十五个分类，单击任意一个即可进入相应的模型分类页面。当然，如果在主页里看到感兴趣的模型，我们也可以直接单击图片进入该模型的页面。

　　"竞赛"功能主要面向 3D 打印设计师以及企业用户，是 MyMiniFactory 为他们提供的一个竞赛模式的服务平台。企业发起一个概念设计或者新的创意理念，并设置相关的奖项以及判定标准，3D 打印设计师可通过参与竞赛提高知名度，胜出者更可获得相应的奖励，而企业相应地得到理想的产品，实现双方的共赢。这不仅仅是创意工业的一种发展模式，更是一种全球化创意协作的发展趋势。

　　如图 4-16 所示，单击进入"收藏作品"，注册用户创建并添加标签的模型合集将在该页面列出来。由于数量众多，可以选择"Show featured collections only"，使页面仅显示出精选的收藏作品。单击分类标签即可进入相关页面。

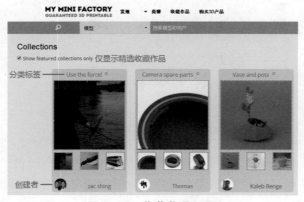

图 4-16　收藏作品界面

　　如图 4-17 所示，MyMiniFactory 的模型下载页面相对简单。视图区只能用于浏览图片栏，但可以单击其右下角的"Zoom"按钮放大查看。视图区下方有三个菜单，其中"Item Details"介绍模型的详情，"Printing Details"列出一些打印参数。其右方还有一栏专门介绍模型信息，大家可以根据提供的参数进行打印。单击下载按钮后首先弹出授权信息对话框，然后再弹出下载链接，选择路径后单击保存即可下载。尽管模型页面相对简单，但其模型却可顺利进行 3D 打印。比较有意思的是 MyMiniFactory 还支持微博和 QQ 空间等大家所熟悉的分享方式。

图 4-17　模型页面的操作方法

4.1.4　Autodesk 123D 网站

　　Autodesk（欧特克）公司是全球最大的 2D、3D 设计软件公司，其开发的 2D、3D 设计软件广泛用于工业、建筑、影视娱乐数字化等领域。Autodesk 123D 是其开发的一套面向于普通用户的建模软件，该软件可在台式机、平板电脑、手机上使用，是普通用户常用的 3D 打印建模软件之一。Autodesk 123D 网站主要提供两大服务项目：一个是提供其系列软件的下载与操作方法；另一个是分享其系列软件设计出来的模型，也就是这一节需要讲述的模型库。如图 4-18 所示，使用浏览器访问 http://www.123dapp.com/即可登录其主页，在这里必须注册登录才可以下载模型。注册过程为中文界面，并且过程十分便捷。单击网页右上角的"SIGN IN"进入登录界面；单击"创建账户"输入相关信息进行注册；接收系统发来的注册邮件并激活；注册成功后重新登录网站即可。如果有网站许可的社交网站账号，也可以在登录界面用该账号进行授权登录。

图 4-18　Autodesk 123D 主页

　　主页顶部的工具栏有五个项目："APPS"里面是 Autodesk 123D 系列软件，进入后可以免费下载软件并获取相关的软件教程。单击"3D MODELS"可直接进入模型区主页，也可以单击下拉菜单里面不同的建模软件，直接进入用不同软件设计的模型页面，除此之外还可以在模型搜索引擎里输入关键词进行模型的搜索。进入"PROJECTS"页面，注册用户可以上传自己的作品。"TOOLS"是模型的成型工具，里面有"Cricut（个人纸张裁剪机）""CircuitScribe（用导电笔在纸上设计电路）""Dremel（简单易用的高品质 3D 打印机）"三个工具。"BLOG"是网站用于发布资讯的博客。

　　不管是单击工具栏的"3D MODELS"还是主页中间的"Browse 3D

Models ”，都能直接进入模型区页面，如图 4-19 所示。模型区页面左上方是模型搜索引擎。引擎右方为模型筛选区，可按建模软件类型、模型类别以及模型属性进行多重复合筛选，并且可以调整筛选出的模型的排序方式以及每页的显示数量。单击所需的模型即可进入该模型的详细页面。

图 4-19   Autodesk 123D 模型区

如图 4-20 所示，图片栏里除了模型缩略图之外，排在第一位的是"3D VIEW"图标，选中缩略图可在视图区里放大显示，单击"3D VIEW"图标时，视图区将进入到 3D 模型浏览模式。在 3D 模型浏览模式下，视图区中间显示 3D 模型。视图区右上角有个视图立方，当鼠标单击视图立方不同的位置时，3D 模型与视图立方将同步转动至所选的视角。这里一共有 26 个固定视角可供选择，当单击视图立方左上角的"小房子"时，3D 模型与视图立方将同步重置到默认的原始视角。除了可以选择固定视角查看模型之外，还可以用鼠标手动控制模型。当鼠标箭头在视图区时，按住鼠标左键并移动鼠标，模型可随鼠标的移动而旋转；按住"Shift"键的同时按住鼠标左键并移动鼠标，模型将随着鼠标的移动而平移；滚动鼠标按键之间的滚轮，可放大缩小模型。视图区右下方有两个按钮：左边的是帮助按钮，单击后将弹出 3D 模型浏览模式的操作说明窗口；右边的是全屏显示按钮，单击后视图区将在浏览器的新页面中全屏显示。当单击图片栏任意一张缩略图时，视图区的 3D 模型浏览模式将自动退出。

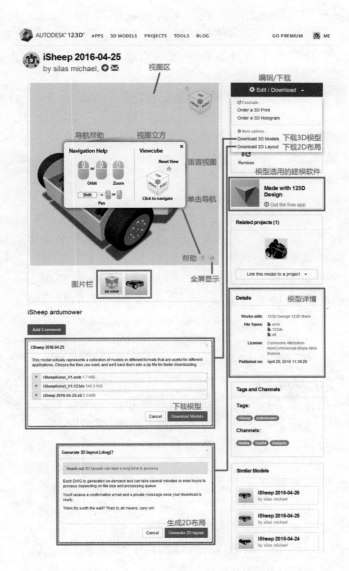

图 4-20 Autodesk 123D 模型下载

在模型下载页面的右上方有个"Edit/Download"按钮，单击后会弹出一个分成上下两个功能区下拉菜单，上半部分是模型的定制，下半部分有"Download 3D Models"与"Download 2D Layout"两个选项。单击"Download 3D Models"将弹出模型下载对话框，里面有下载说明以及模型文件列表，大家可根据需要单项或多项勾选后单击右下角的"Download Models"按钮，页面随即弹出下载链接，选好保存路径后按确定即可下载模型。与此类似的是单击"Download 2D Layout"可下载模型的 2D 布局，不过这项功能很少用。除此之外在下载按钮的下方还有模型选用的建模软件以及模型详情等栏目可供下载、参考与浏览。

这里要注意，与前面三个模型共享平台不同，Autodesk 123D 的模型主要是用作其系列软件的建模交流，因此分享的模型不一定适合 3D 打印，大家在下载后需要评估模型是否适合用自己的 3D 打印设备进行打印，尽管网站提供了 3D 打印分类，但并不能保证按要求打印出来。

4.1.5　熊玩意众创空间

说到国内的 3D 打印，南极熊这个名字一定不陌生。北京南极熊科技有限公司（简称南极熊）是国内非常有影响力的 3D 打印互动媒体平台和创造性应用平台，提供最全面的 3D 打印资讯、技术应用、互动社区和综合性 3D 打印教育解决方案。熊玩意众创空间（简称熊玩意）是南极熊旗下的 3D 打印应用平台，主要提供模型的下载、定制打印以及模型项目的众筹。

登录南极熊的官网 http://www.nanjixiong.com/，把鼠标移动至顶部工具栏的"导航"上，单击下拉菜单中的"熊玩意模型库"，即可跳转至熊玩意的主页。当然，也可以直接登录熊玩意的官网 http://www.xiongwanyi.com/。

在熊玩意主页顶部的工具栏有"玩意""商城""发布"三个主要版块。"玩意"是模型库，其下拉菜单里面有各种模型的分类，大家可按需单击进去。"商城"是熊玩意的模型众筹区，大家登录后可按要求对感兴趣的模型支付众筹款，若模型众筹成功，即可得到相应的回报。"发布"是上传模型，登录后可按要求上传自己的作品。工具栏的右后方是模型搜索引擎，主页的右上角是登录与注册选项。

如图 4-21 所示，步骤 1 的视图区没有 3D 浏览模式，只能查看图片栏的图片。图片栏的下方是模型下载区，直接单击"下载"按钮，系统将弹出"下载附件"对话框，输入验证码后按"确定下载"按钮即可下载模型。这里要注意的是个别模型需要支付"熊币"才能获得下载权限。没有注册登录时可以免费下载不需要"熊币"的模型；当注册登录后，不仅可以用交流互动获得的"熊币"支付下载付费模型，还能对模型进行评论。如果你愿意，还可以对作者打赏，没有打印设备的朋友可以单击"立即定制"，通过熊玩意的付费打印服务定制并配送模型。

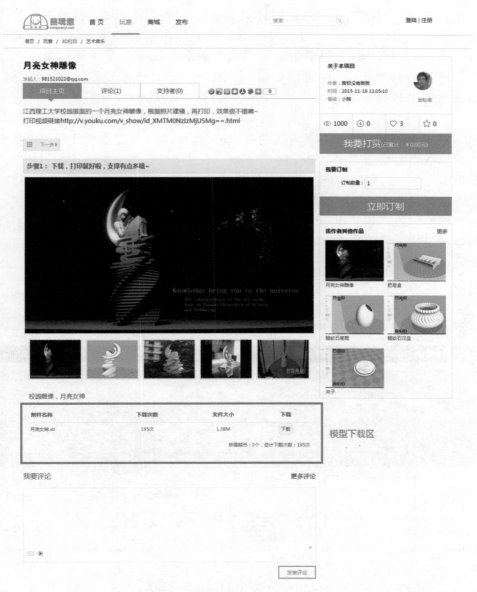

图 4-21　熊玩意模型下载页面

4.1.6　打印啦 3D 模型分享平台

在国内品种繁多的 3D 打印机中，有一款互联网 3D 打印机，能通过 WiFi 连接手机、PC 等设备实现打印、手指建模等功能，这就是麦田网络出品的 ICEMAN3D 打印机。该公司旗下的 3D 模型网站"打印啦"是国内知名的以 3D 打印模型为主的资源共享平台，登录 http://www.dayin.la/ 即可访问。"打印啦"的模型资源需要登录后才能按要求下载，单击主页顶部的"免费注册"，可通过邮箱、手机号注册，或者通过 QQ、微信、新浪微博账号授权登录。

如图 4-22 所示，顶部黑底白字的是工具栏，汇集了"打印啦"的众多功能。"大家都在哪"用于寻找附近的打印机与设计师，还能查看注册用户所关注的一些模型动态。在"设计师"里面，不仅可以查找众多的认证设计师及其最新作品，还可以申请入驻成为"打印啦"的认证设计师。在"成品商店"里，可以付费购买 3D 模型或者打印成品。在"啦米商城"可以将获得的啦米进行抽奖或产品兑换。"社区"的内容精彩丰富，在这里可以获取 3D 打印的建模设计、打印技术、行业资讯等内容，跟众多的设计师与玩家进行互动交流。

图 4-22　打印啦 3D 模型分享平台主页

"在线建模"是"打印啦"的一个特色功能，是专为新手而创建的 3D 建模平台，无须下载安装即可在线使用。目前"在线建模"里有八个界面简介易用的建模工具："模型定制器"收集了众多可编辑模型，只需按要求修改参数，即可轻松获取定制模型；"个性建模"提供多款模板可供选择，使用鼠标进行单击或拖放，即可对模型的形状、大小、颜色进行编辑修改，不仅可以保存或导出模型，还能在线打印模型；"方块世界"其实就是平常玩的方块积木的虚拟版，只不过增加了模型输出与在线打印的功能；"立体照片"可以把喜欢的照片转换成立体浮雕；"手绘图案"可以看作是 Windows 系统自带的画图软件的增强版，在平面绘图的基础上增加了高度，使平面图变成可 3D 打印的立体模型；"立体文字"可看作是"手绘图案"的特别版，只需输入文字即可生成文字的立体模型，还可以在文字底部增加平板，很适合用作标志牌的设计；"图片印章"可以看作是"立体图片"的特别版，把图片做成浮雕并放到印章上，可定制出各种不同的个性印章；"模型预览"是专为ICEMAN3D 打印机设立的一个功能，不但可以将本地上传或者网站收藏的模型进行预览以及尺寸调整，而且还可以通过 WiFi 连接上 ICEMAN3D 打印机进行无线打印操作。

对于初学者来说，首选是找现成的模型，而现成的模型就收藏在工具栏的"模型分类"与"专题"里面。单击进入"模型分类"页面，你会发现模型一共有 12 个分类，进入任意一个分类后还有若干子类可供选择，然后可以根据免费模型、啦米模型与收费模型进行筛选，并有多达五种的排序方式将模型显示出来。单击进入"专题"页面，可分别进入精选专题与精选模型，获取高质量的模型。

如图 4-23 所示，图片栏可选择图片、视频、模型显示模式，选中后可在视图区进行放大显示、播放、3D 动态浏览。当选中模型时，视图区右上角会有一个"3D"字样的视图区状态按钮，单击可进入 3D 浏览状态，并由"3D"变成图 4-23 所示的 X 形图标，同时视图区左上角将出现一个齿轮状的视图设置图标。当模型加载完毕之后将自动旋转，在视图区单击鼠标，模型将停止旋转。当鼠标箭头在视图区时，按住鼠标左键并移动鼠标，模型可随鼠标的移动而旋转；滚动鼠标按键之间的滚轮，或者按住滚轮移动鼠标，都可放大或缩小模型。单击视图设置图标即弹出下拉菜单，当前着色显示的模型是菜单中的"默认渲染"状态，单击"线框渲染"模型将变为线框显示状态。选中菜单中间任意一个色块，模型将变成相应的颜色。菜单底部还可以选择模型旋转的开启与关闭。在视图区右上角的视图状态图标下有一个"在线设计"按钮，单击后可在浏览器的新页面中进入模型的在线编辑状态，根据要求进一步个性化定制。在该按钮下面还有一个"在线打印"按钮，单击后可在浏览器的新页面中进行在线打印，不过当前在线打印功能只支持麦田网络的 ICEMAN3D 打印机。工具栏的下方是模型下载区，既可以选择其右下角的"打包打印"批量下载模型，也可以根据需要对列表中的模型进行下载、在线建模以及在线打印。需要注意的是，在线建模与在线打印功能仅支持免费模型，下载啦米模型需要消耗相应的啦米，而收费模型只能支付完毕后下载。

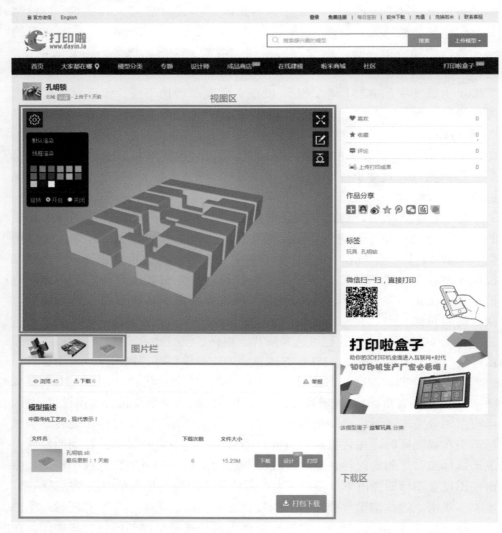

图 4-23　打印啦模型下载页面

4.1.7　魔猴网 3D 打印云平台

　　魔猴网是国内知名的 3D 打印云平台，主要业务有 3D 扫描、云 3D 打印、精品定制以及批量生产，广泛服务于众多的行业与个人。输入网址http://www.mohou.com/即可进入魔猴网的主页，模型下载需要先注册登录网站。

魔猴网支持邮箱与手机注册，还可以用 QQ、微信以及新浪微博等账号授权登录。

图 4-24 所示为魔猴网主页工具栏，魔猴网专注于行业应用与高级定制的云打印服务。工具栏分为六大类，单击进入"在线报价"，企业与个人可根据需要上传模型进行报价，如需设计服务可以与设计师直接沟通，还可以联系业务员对产品实物进行扫描建模。当建模完成后，支付订单即可通过云打印服务按指定的材质打印出相应的产品并配送。"行业案例"目前分为十种行业类型，每种行业均有详细的案例介绍魔猴网在该领域的 3D 打印服务。"魔猴盒子"是一款 3D 打印机的增强功能硬件模块，该模块以有线和无线连接的方式将兼容的 3D 打印机、摄像头等硬件，以及手机、PC 等终端连接到一起，使建模、打印、分享、支付等众多功能通过互联网在云平台上实现。点击"资讯"可获取魔猴网以及 3D 打印行业的最新内容。

图 4-24　魔猴网主页的工具栏

单击进入工具栏的"3D 工具"，将看到七个与 3D 打印建模及修复相关的工具。点击"STL 文件修复"，可将多种格式的 3D 模型上传到云平台，网上系统将模型进行检测修复后，可直接下载修复好的模型。即便没有登录魔猴网，模型的上传修复与下载功能依然可以使用，这点相当便捷。进入"照片浮雕"，只需调整几个简单的参数，便可将上传的照片转为 3D 浮雕模型，还能导出模型或者直接在线打印。"3D 格式转换"可将 20 多种常见 3D 模型格式转换为 stl 格式，并且可以选择下载模型或在线打印。"模型定制器"里面有众多的可编辑模型，可以进入在线编辑页面对模型进行修改，定制出个性化的模型。"涂鸦变 3D"可将任意的涂鸦作品或图片由平面图形变成 3D 模型。"立体文字"可通过输入文字以及修改若干简单的参数，将平面的文字变成立体的文字。"2D 转 3D"的原理跟之前的两个工具很类似，可通过调节图片的长度、宽度与灰度，将 2D 图片变成 3D 模型。点击工具栏的"3D 模型库"，可以从工具栏下方的查看栏里按六种不同的分类查找模型，并可以三种排序方式显示出来。另外，既可以单击"设计师"子选项进入设计师的模型展示页面，还可以单击"所有者"选择原创或转载来筛选模型。

如图 4-25 所示，图片栏里有模型的 3D 预览选项以及图片缩略图。点选缩略图可在视图区显示；单击"3D 预览"图标，视图区将进入 3D 浏览模式，同时图标上方弹出数字选项，单击不同的数字将进入相应编号的 3D 模型。在视图区的 3D 浏览模式下，当鼠标指针处于视图区时，按住鼠标左键移动鼠标可旋转模型，滚动鼠标滚轮可缩放模型。图片栏下方是描述与下载菜单，默认状态下显示为描述菜单，单击主页右上方的"下载模型文件"可直接转到下载菜单。登录后可直接单击下载链接下载所需的模型，模型文件还支持云打印功能。

图 4-25　魔猴网模型下载页面

4.2　3D 软件建模

　　虽说网上众多的 3D 模型分享平台有着海量的模型资源可供下载，但真正要把自己的想法完美表现出来，就只能自己建模。所以，根据自身的情况掌握一种或多种建模软件，对于更好地掌握与应用 3D 打印技术，具有十分重要的现实意义。如图 4-26 所示，下面将介绍不同领域的一些具有代表性的 3D 建模软件。

图 4-26　常用的 3D 建模软件（图片来源：软件公司官网）

　　对于初学者来说，可以从在线建模开始，使用打印啦、魔猴网等平台的在线建模工具，根据自己的需要定制一些简单的模型。不管是涂鸦转 3D 模型还是图片转 3D 模型，首先都需要做出 2D 的图片，2D 图片质量的高低直接影响到生成 3D 模型的质量。如只需对图片进行简单处理，可选用美图秀秀一类的容易上手的免费小软件，如对画质有更高的要求可以选择 Adobe 公司的 Photoshop（简称 PS），这些都是属于位图处理软件。如果是专业的矢量图平面设计，可选用 Adobe 公司的 Illustrator（简称 Ai）或者 Corel 公司的 CorelDRAW（简称 CDR）。

　　面对普通用户对非专业领域的 3D 建模需求的不断增大，Autodesk 公司推出了一款适用于普通用户的免费 3D 建模软件 Autodesk 123D，该软件主要包括六大模块。123D Catch 是一个 2D 图片转 3D 模型的工具，通过网络将图片上传至 Autodesk，借助其强大的云计算功能，生成 3D 模型并回传至客户端；123D Circuits 是一个集设计、编译与模拟与一体的在线电子模拟器；123D Design 是一款简单的建模工具，利用简单的几何模型进行堆砌编辑，像搭积木一样构建 3D 模型；123D Make 是模型制作工具，可将模型按要求进行层切，以便后序进行逐层加工，叠加成型；123D Sculpt+ 是一款雕刻工具，借助 ipad 的触控操作功能，也可以像雕塑大师一样虚拟雕刻出 3D 模型；Tinkercad 是一款在线的网页 3D 建模工具，功能跟 123D Design 相类似但更适合少年儿童使用。

在工业上，小到一根铁钉，大到整架飞机的设计与装配，都可以用工业类 3D 软件进行设计开发。美国 PTC 公司的 Creo（原 Pro/E），是参数化设计的代表，目前以参数化建模为主，结合柔性建模技术，广泛用于家电、模具、汽车等领域。德国 Siemens 的 NX（由 UG 更名），以同步建模为主要的设计方法，广泛应用于家电、模具、汽车、飞机等行业。法国的 Dassault 公司是目前世界上最大的飞机制造公司之一，其为飞机的设计开发出两款软件：中端的 Solidworks 操作相对简单，多用于机械、模具、家电产品的设计开发；高端的 CATIA 是一款曲面造型功能很强大的软件，主要用于汽车与飞机的设计开发。这几款软件的功能都相当强大，可满足 2D 设计、3D 建模、模具设计开发、数控加工等整个产品开发流程的使用。

在工业与艺术之间，有些特殊的软件将两者连在一起，与传统的工业软件相比，它的造型功能很强大；与艺术软件相比，它的数据结构又相当严谨。这里就介绍两款有代表性的软件：Rhino 与 Alias。Rhino 是一款体积虽小但功能强大的 3D 造型软件，常用于对曲面造型要求较高的工业产品设计。Alias 是 Autodesk 旗下非常先进的一款工业造型设计软件，其强大的曲面建模能力广泛用于汽车以及高端消费品上。这两款软件既可以跟传统的工业类 3D 建模软件相结合，又能广泛地用于影视、游戏的制作。

Pixologic 公司的 ZBrush 与 Autodesk 公司的 Mudbox 是当前数字雕刻与纹理绘画领域中使用率很高的两款软件，主要用于雕塑与三维动画领域。ZBrush 功能很强大，可做出非常逼真的雕塑，当然这个逼真程度跟设计师的水平有很大关系。Mudbox 主要用于影视与游戏角色的设计开发，而且操作简单，可在很短的时间内熟练掌握。

接下来要介绍的还是 Autodesk 公司的软件，旗下的 3D Studio Max（简称 3d Max 或 3ds Max）与 Maya 是世界顶级的三维动画渲染与制作软件，广泛用于游戏造型、动画角色、广告、电影特效等领域。3d Max 性价比很高，而且操作过程简单便捷，初学者很容易上手。Maya 售价高昂，但与之成正比的是其强大的功能与极高的制作效率，其真实感极强的渲染，使作品达到电影级的水平。

前面介绍的这些软件以及建模方式，都可以归纳为正向建模，即根据数据与要求由产品的概念构思到 2D 草图的绘制再到 3D 模型的建立。与其相对的是逆向建模，最常见的就是用三维抄数建模，即用三维扫描仪对被测物体进行三维扫描，将真实的物体变成数以万计的点（通常称之为点云），输入计算机后利用逆向建模软件对点云进行分析优化生成曲面，进一步精修后便得到符合要求的 3D 模型。逆向建模流程的特点就是硬件软件配合使用，硬件是三维扫描仪，常用软件有两种：Imageware 与 Geomagic Studio。Imageware 具有强大的点云处理能力以及曲面建模能力，常用于汽车、航空航天领域，现已被 Siemens 公司收购并整合到 NX 中。Geomagic 公司的系列软件，贯穿了整个逆向建模流程，包括设计、扫描、检测、触觉四大类产品，其中 Geomagic Studio 是应用最广泛的逆向软件，对于快速成型缩短产品开发周期，有着十分重要的作用。

4.3　3D 模型质量分析与修复

初学者获得了第一个 3D 打印模型，通常会迫不及待地进行模型切片并上机打印，当看到自己的第一个 3D 作品被成功打印出来时那种成就感妙不可言。然而第一次打印就失败的初学者也并不少见，学习积极性受到打击，有的朋友甚至会觉得自己学不好而萌生退意。常言道：胜不骄，败不馁。学习的过程本来就不是一帆风顺的，要保持平常心，在不断发现并解决问题的过程当中积累经验，纳百家之长而厚己。

如果说机器没有出现故障，切片参数设置也合理，但打印过程中还是出现断层、错位或者随机性的错误，那就有可能跟 3D 模型本身的质量有关系了。所以在模型切片之前，需要对模型的质量进行分析评估，有问题的模型要先修复好再打印，以提高打印成功率。

4.3.1　3D 模型质量分析

3D 模型种类繁多，不同行业不同领域对 3D 模型有不同的要求，所以即便把模型下载下来，但不一定就适合 3D 打印。

一般来说适合 3D 打印的模型，需要具备以下的四个特点：

模型具有水密性：水密性（Watertight）是指物体密闭不漏水的意思。把 3D 模型当成一个玻璃瓶，里面装满了水，只有当模型完全没有孔洞时，无孔不入的水才不会漏出来。模型表面比较大的破损与缺陷一眼就可以看出来，但非常细小的孔洞就难以察觉了。通常需要借助软件来查找并修复孔洞。

模型壁厚不能为零：3D 建模软件通常有两种模型生成方式：一种是曲面建模，由单个封闭的曲面构成模型的外形，模型里面是空心的而且曲面的厚度为零，此法生成的模型称为曲面模型；另一种是实体建模，生成的模型是实心的，此法生成的模型称为实体模型。通常曲面造型较多或者形状比较复杂的模型常用曲面建模；由若干简单的常规几何体组成或者造型相对简单的模型多用实体建模。水密性曲面模型通过实体化命令可生成实体模型，实体模型可将模型表面复制出来并删除实体而得出曲面模型。建模软件是以理论上厚度为零的曲面来表现出模型，但现实中零厚度的曲面是不存在的，所以 3D 打印的模型可以是实心的，也可以是空心的，但就是壁厚不能为零。如果要将曲面建模的模型用 3D 设备打印出来，可将曲面模型生成实体模型，或者生成壁厚大于零的空心模型。

模型曲面法线方向正确： 过曲面上任意一点，垂直于曲面的直线是该点的法线，具有正负两个法线方向。比如水平拿着一张纸，纸就会将当前的空间分为纸上与纸下两个法线方向相反的空间。模型曲面法向方向正确，可保证模型表面的连贯性，避免个别曲面因法线方向相反而影响切片程序的生成，导致打印失败。

模型必须为流形： 流形（Manifold）有着一个严格而又非常拗口的几何定义，简单来说就是模型表面能展开成一整个曲面。如果模型上存在三个及以上的面共用一条边时，该模型就非流形（Non-Manifold），通常出现非流形时模型曲面发生自交并且不能展平。如图 4-27 所示，拿一张纸正反折叠成四等份，命名为 A、B、C、D 四个区域，代表同一个曲面上的四个小曲面。由于这四个小曲面首尾相接，所以既可以折叠在一起，又可以展开为一个曲面，这就是流形。当用胶水把 B、C 黏合到一起时，不管怎么展开，除非把 B、C 重新分开来，否则 A、B、C、D 都不能展开为同一个曲面了，而且这四个小曲面都有了共同的一条边，这就是非流形，B、C 粘在一起就是代表了曲面自交。非流形多出现在曲面造型比较复杂的模型上，如果光滑曲面上有局部起皱的情况，那么该位置就很有可能发生自交，所以建模的时候就需要分析判断。

| 一张普通纸 | 分区命名并正反折叠 | 四个区域可被展平 |
| B、C区用胶水粘在一起 | A、B、C、D共用一条边 | B、C区自交，不可展平 |

图 4-27　流形、非流形示意

4.3.2　3D 模型修复软件[1]

　　一般来说，前面说到的 3D 打印模型四个特点，单凭肉眼很难从计算机屏幕上看出来，即便是经验丰富的 3D 建模设计师，也仅能看出个别比较明显的缺陷。所以分析并修复 3D 打印模型，还得靠专业软件帮忙。

　　假如模型是用专业建模软件设计出来的，可用该软件自带的分析功能检验模型的质量，然后运行自动或手动修复功能修复模型。如果修复后还有缺陷提示，可将问题部分删除后重新建模。假如模型是网上下载的，也可以导入熟悉的专业建模软件，按之前的步骤进行模型的检验与修复。然而初学者大多不具备专业建模能力，更谈不上手动修复模型，所以选择一些"一点即通"的模型修复工具还是很有现实意义的。对于初学者来说，选择一些模型分享平台的在线修复功能是个不错的选择，比如魔猴网的"STL 文件修复"功能，只需通过上传与下载即可完成，而且无须登录。另外还有一些常用的修复工具，如 3D-Tool、MeshLab、MiniMagics 以及 Autodesk 旗下的 MeshMixer 与 Netfabb。Netfabb 是一款免费的 STL 文件修复工具，有 Netfabb Basic、Netfabb Standard、Netfabb Premium 三种版本，除了 Netfabb Basic 可免费使用之外，另外两种功能更强大的是收费版本。只要不是质量特别差的模型，Netfabb Basic 足以应付，下面将介绍其用法。

　　Netfabb Basic 的安装与运行：鼠标双击安装文件，在弹出的安全警告对话框中单击"运行"，在弹出的选择语言对话框中选"中文（简体）"并按"确定"按钮。进入安装向导对话框点选"下一步"，在许可协议对话框中点选"我接受协议"并按"下一步"按钮。接下来的依次弹出的选择安装位置、选择开始菜单文件夹以及选择附加任务对话框中，既可以直接单击"下一步"选择默认设置，又可以根据需要个性化定制。设置完毕后将弹出安装准备完毕对话框，这里显示了刚才定制的三项内容，单击"安装"按钮软件将按定制要求制定安装，安装完毕后单击"结束"按钮退出安装向导。至此，软件安装完毕。

　　如果在刚才的安装完成对话框中选择了"运行 netfabb.exe"选项，那么按下"结束"按钮后将自动运行 Netfabb Basic。还可以通过双击桌面的 Netfabb Basic 快捷方式，或者单击开始菜单或快速启动栏中的 Netfabb Basic 图标来运行软件。软件启动后首先会弹出一个注册对话框，可以按要求输入信息进行软件注册，也可以忽略注册信息，勾选"I accept the terms of usage"后直接单击右下角的"Later"按钮进入软件界面。这里要注意的是，不管注册与否，都可以单击"Later"按钮进入软件，没有注册的用户每次启动软件都会弹出注册对话框，并且"Later"按钮有个倒计时功能，必须 10 秒后才能被单击。

　　Netfabb Basic 检验并修复模型：如图 4-28 所示，单击工具栏的"Project"在其下拉菜单中单击"Open"选项，或者直接单击"Project"下方的文件夹图标，即可进入"Open File"弹出对话框。浏览并选择所需的模型文件后单击"打开"，模型随即被导入到软件的视图区。这时候会看到视图区右下角有个带感叹号的红色三角形警示图标，这个图标的出现意味着模型有问题需要修复。单击工具栏的"Extras"并将鼠标移至其下拉菜单中的"New Analysis"选项，单击右拉菜单中的"Standard Analysis"，软件将进入模型分析界面。

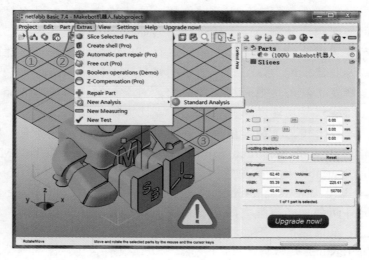

图 4-28　Netfabb 的模型导入界面

　　如图 4-29 所示，软件的右下方是模型分析的参数。图中曲面法向一致栏以绿色的"Yes"显示，表示当前模型符合了曲面法向的要求，但模型有 273个孔洞，曲面闭合栏以红色的"No"显示，表示模型该项需要修复。点进工具栏中"Extras"的下拉菜单，单击"Repair Part"选项进入模型修复界面。

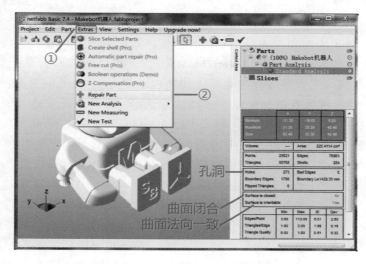

图 4-29　Netfabb 的模型分析界面

　　如图 4-30 所示，软件右下方的参数设置区通常使用其默认设置，单击"Automatic Repair"后将弹出自动修复对话框。选中"Default Repair"并单击"Execute"按钮，模型将进入自动修复状态。

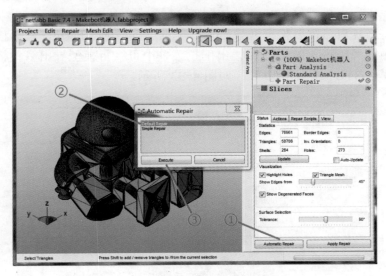

图 4-30　Netfabb 的模型自动修复界面

　　当右下角的进度条走完时，模型将修复完毕，如图 4-31 所示。单击右下角的"Apply Repair"按钮，在弹出菜单中点选"Remove old Part"，修复好的模型将直接覆盖了原模型。此时，视图区右下角的红色三角形警示图标消失了。

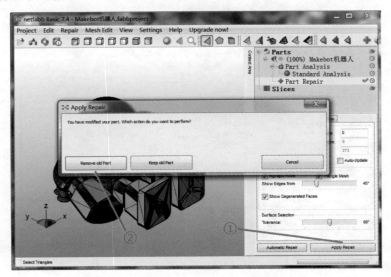

图 4-31　Netfabb 的模型修复完毕界面

模型修复后,再来检验一次模型。单击工具栏的"Extras"选取下拉菜单中的"New Analysis",单击其右拉菜单中的"Standard Analysis"再次进入模型分析界面。这一次"Surface is closed"与"Surface is orientable"均显示为绿色的"Yes",模型修复成功,如图 4-32 所示。

模型修复后,需要把模型导出来。单击工具栏的"Part",鼠标移至其下拉菜单中的"Export Part"。在输出下拉菜单中可以将模型导出多种格式,通常选用"as STL"并保存即可,如图 4-33 所示。

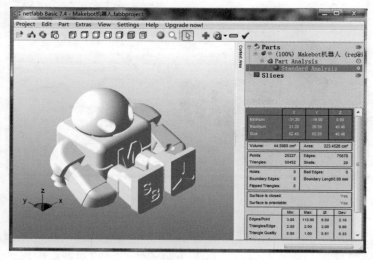

图 4-32　检验修复后的模型

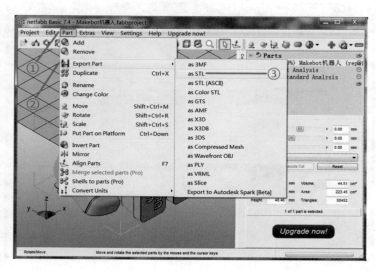

图 4-33　Netfabb 的模型导出

第 5 章

Cura 切片软件详解

当手头上有调试好的 3D 打印机、计算机以及下载好的模型时，怎样才能让 3D 打印机把模型打印出来呢？人、计算机及 3D 模型、3D 打印机之间应该是缺少了一座用于对话沟通的桥梁。没错！这座桥梁正是 3D 打印的切片软件！

5.1 3D 打印流程及切片软件基本原理

下面将介绍 3D 打印的流程，模型切片的基本原理与相关的参数，以及常用切片软件的选择。

5.1.1 3D 打印流程

虽说桌面级 FDM 打印机比工业级 3D 打印机更为简单方便，然而，麻雀虽小，五脏俱全，桌面级 3D 打印机的操作依然要遵循相应的打印流程。掌握 3D 打印的流程，不但可以使打印过程科学合理，当出现问题的时候，也便于分析查找症结所在。

如图 5-1 所示，打印过程依次可分为五个环节：模型、切片、3D 打印、打印件以及精细处理。具体的操作顺序如下：

第一步，获取 3D 打印模型。可以通过共享平台下载模型文件，也可使用不同软件的建模，还可以逆向建模（如 3D 扫描）。在进入第二步之前，还需要借助建模软件或专业的模型分析软件对模型进行检测与修复，尽量提高 3D 打印模型的质量。

第二步，模型切片。将模型导入切片软件，通过调整模型、添加打印辅助部件，设置相关的打印参数，最终输出 Gcode 打印代码。

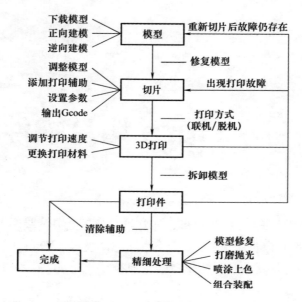

图 5-1　3D 打印基本流程

第三步，3D 打印机操作。第二步输出的 Gcode 代码将以联机打印（在线传输程序）或脱机打印（程序存储到 SD 卡）的方式输送到 3D 打印机。在打印的过程中，不但可以根据实际需要来调节打印的速率、温度以及冷却风扇的转速，还可以暂停打印来更换耗材。如果在打印的过程中发生严重的翘边、离层、错位等问题，可以及时停止打印并返回第二步重新调整切片参数，输出更新的 Gcode 后再进行打印；如果切片正常故障依然存在，可以尝试返回第一步重新分析修正模型，某些不适合 FDM 打印的模型建议更换打印工艺进行打印。

第四步，获取打印件。打印完毕后执行回到原点命令，便可从打印平台上拆卸打印件。将打印件与计算机里的 3D 打印模型进行对比，如发现模型表面比较粗糙或者拉丝严重，可以返回第二步重新调整切片参数；如果发现模型成型困难，可返回第一步进行模型结构的修改。拆卸下来的打印件，需要用模型修复工具进行打印辅助部件（如模型支撑）的清除以及拉丝等常见表面问题的修复。如果对打印件的表面粗糙度、颜色等都满足要求的话，整个打印流程即可结束了。

第五步，打印件的精细处理。有些模型对表面粗糙度或者颜色有较高的要求，比如动漫手办模型，就需要对打印件进行精细处理。这里面包括了模型修复、打磨抛光、喷涂上色、组合装配等多种工序，每种工序还会有自身特定的操作流程。对于高要求的模型，打印件的精细处理完毕后，打印流程才算结束。

5.1.2　模型切片的基本原理

日常生活中所见到的物体，都可以看作简单几何体的组合，遵循着点、线、面、体的几何规则。假如把一个苹果放到搅拌机里面搅碎，理论上来说得到的苹果泥是可以堆砌复原成苹果的原样，但实际来说这几乎就是个不可能完成的任务。但如果把苹果像刀削面一样切成薄片，再把苹果薄片按原样一片片重新叠起来，恢复其原样就简单多了。模型切片的原理与苹果切片基本一致，将 3D 打印模型化整为零逐层分解，而打印过程正是一个相反的过程，把材料逐层打印叠加成型。

如图 5-2 所示，以平行于打印平台的平面横向剖切模型。切面分为轮廓与填充两部分，轮廓由曲线构成，填充可以是实心也可以是栅格状空心结构。当轮廓曲线首尾相接时轮廓为闭合状态，模型具有填充部分，轮廓可为单层或多层曲线构成；当轮廓曲线断开时，轮廓为开放状态，此时模型没有填充，轮廓为单层曲线构成。多层曲线构成的轮廓叠加成型后构成实体模型，如实心或空心的圆柱体；单层曲线构成的轮廓叠加成型后构成薄壁模型，如单层厚度的花瓶。打印空心模型时，填充将根据软件设定的形状与密度进行打印；打印实心模型时，填充部分以紧密相贴的直线填充，而且相邻层填充方向互成 90°角，这样的交叉叠加可增强打印件的强度。

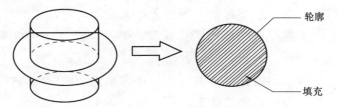

图 5-2　切片的基本原理

模型切片的基本流程如下：

① ▶ 导入模型。运行切片软件，根据软件支持的文件格式导入相应的模型。

② ▶ 放置模型。根据模型的造型结构选择合适的方向将模型放置到打印平台。

③ ▶ 调整模型。根据需要调整模型的外形尺寸。

④ ▶ 添加辅助打印部件。根据模型的结构需要添加支撑或筏（打印基座）。

⑤ ▶ 设置参数。包括温度、速度、模型的成型细节等参数。

⑥ ▶ 预览打印路径。通过预览打印路径可修正打印辅助部件以及众多的打印设置参数，这是一个反复调整与预览的过程。

⑦ ▶ 输出打印代码。如检查无误后，可输出打印代码 Gcode。

5.1.3　相关参数及其影响

质量、速度与温度是 FDM 打印的三个核心要素，不管是 3D 打印机的选购还是打印件质量的评估都离不开这三个要素，而切片软件所提供的设置参数也是源于这三要素。下面将给大家讲解下这三要素及其相关的重要设置参数。

对于打印件来说我们最关注的就是打印的质量，这包括了打印件的尺寸精度、表面粗糙度以及打印件的强度，主要涉及以下的几个参数：

① ▶ 喷嘴尺寸：指的是喷嘴出料孔的尺寸，即喷出来的塑料丝的直径，通常有 0.25mm、0.4mm、0.6mm、0.8mm 等规格。相同条件下，塑料丝直径越小打印件的表面越光滑，打印的速度越慢。

② ▶ 层厚：指单一打印层的厚度，与不同喷嘴尺寸相匹配，通常在 0.06mm 至 0.6mm 范围内调节。相同条件下，层越薄打印件表面越光滑，成型也越困难，而层过厚会因打印层之间的黏结强度过低而降低打印件强度，甚至会造成打印件的断裂。

③ ▶ 壁厚：通常打印件由外壳与内部填充构成，而外壳的厚度就是打印件的壁厚。壁厚可分为单层壁厚与多层壁厚，单层壁厚由喷嘴尺寸决定，多层壁厚是单层的整数倍。相同条件下壁厚与打印件强度成正比。

④ ▶ 填充：用于调整打印件的实心程度，0%代表空心，100%代表实心。填充有栅格状、蜂窝状等多种结构，填充率越高打印件越结实。通常薄壁或者有一定力学要求的打印件通常填充 100%，不过要注意散热，否则容易导致打印件收缩变形或者从打印平台上脱落。

⑤ ▶ 支撑：在打印的过程当中，经常会碰到悬臂或者悬空结构，当悬臂结构与打印平台的夹角小于 45°时就要考虑使用支撑了。支撑是把双刃剑，一方面它提高了悬臂、悬空类模型的打印成功率；另一方面是打印完毕后从打印件上拆除支撑部件时有一定的难度，而且容易造成打印件表面的缺陷，增加了后面精修的工作量。

⑥ ▶ 线材直径：由于 FDM 打印机是通过送丝机构来控制喷嘴材料的挤出，

所以送丝速度相同时，线材直径越大材料挤出量就越大。通常线材直径参数的设置应以实际使用线材的直径为准，并在这基础上进行微调。过多的挤出量会导致打印件表面溢料，从而影响外观；过少的挤出量会导致打印件表面发生缺料镂空等情况，不但影响了外观，而且降低了打印件的强度。

打印速度通常是指喷头工作时的移动速度，不同的切片软件还会在这基础上细分出不同工作状态时的喷头移动速度。合理的打印速度很重要，过慢的打印速度会降低打印效率，过快的打印速度容易造成打印件的表面缺陷，甚至降低打印件的强度。

打印温度通常指喷头工作中的喷嘴温度。不同种类材料打印温度不同，相同种类材料不同的生产商或生产批次也会有所差异，通常在材料的额定温度范围内根据经验或自行测试的结果进行调节。过高的温度容易导致打印件表面发生熔融塌陷，甚至使喷嘴的材料炭化造成喷嘴堵塞；过低的温度不但会因打印层之间的黏结强度降低而造成打印件强度的下降，还会加大送丝机构的输送难度，甚至造成喷嘴里的塑料丝因固化而喷不出。

5.1.4　切片软件的选择

切片软件是人、计算机及 3D 模型、3D 打印机的沟通桥梁，然而这并非一座独木桥，而是有各种不同功能的切片软件可供选择的高速通道。

3D 打印切片软件的核心是切片引擎，通常也称为软件内核，是面向对象的算法程序，能根据 3D 打印模型并按照设置的参数计算生成打印代码 Gcode。由于软件大部分的功能是基于切片引擎设置的，所以采用不同引擎的切片软件在功能上有一定的区别。目前常见的切片软件可分为开源与非开源两大类，非开源多见于 3D 打印机生产商，其开发的切片软件又可分为通用型软件以及只能用在自主机型的专用型软件。接下来给大家介绍几款常见的切片软件的特点，如图 5-3 所示。

图 5-3　常见的 3D 打印切片软件
（图片来源：软件官网）

Slic3r：这是一款开源的切片软件，由于其切片速度较快而且兼容性好，成为创客们 DIY 机型的必备切片软件之一。Slic3r 本身就是一款知名的切片引擎，其可定制参数较多，不但支持多种填充图案，而且还支持可变层高的设定。

SKEINFORGE：这也是一款流行的开源切片软件，其本身也是一款知名的切片引擎。与 Slic3r 相比，其兼容性较低，切片速度比较慢，但其算法更为合理，因此打印效果更好。

Cura：这是由知名的 Ultimaker 公司研发的开源切片软件。凭借其独特的 Cura 切片引擎，仅需设置较少的参数，软件便自动进行快速的切片计算。Cura 的兼容性很好，不但支持多种格式的模型文件，而且与常见的 3D 打印机型基本都能兼容。软件界面简单直观，初学者很容易上手，能自动生成支撑以及联机打印，而且配置较低的计算机都能正常运行。Cura 切片速度快而且打印效果较好，是国内外使用率极高的切片软件，即便其官方尚未提供中文语言包，但国内不少玩家整理出汉化文件，个别打印机厂商（如弘瑞 3D 打印机等）还推出其中文版。

KISSlicer：全称是"Keep It Simple Slicer"，是一款速度快、易于使用的跨平台切片软件。免费版软件具有大部分功能，专业版软件还支持多喷头打印。基于其自主的引擎，使得切片速度较快，可自动生成支撑，而且打印效果较好，因此用户也不少。

Printrun：这是一款全功能的切片程序，包括全功能的用户图形界面 Pronterface，交互式命令行控制平台 Pronsole，独立的非交互式切片引擎 Printcore 三个部分，可实现模型导入与切片以及 3D 打印机控制操作的全过程。Printrun 支持多种计算机操作系统，而且几乎所有开源的 3D 打印机都能使用。除此之外 Printrun 还能与多种切片软件进行整合，比如软件本身已整合了 Slic3r，Pronterface 也整合到 Cura 里用作联机打印控制。

Repetier-Host：这也是一款支持从模型导入切片到 3D 打印机控制与操作全过程的综合性切片软件。其最大的特点是软件内置了 Slic3r、SKEINFORGE、Cura 三个切片引擎，并且可以任意切换自由选择。Repetier-Host 采用的交互式图形界面，使用户能更容易操作与掌握，较高的兼容性使其可在多种操作系统下运行，并且支持众多的 3D 打印机。这使之成为 3D 打印的必备切片软件之一。

MakerWare：这是知名 3D 打印机公司 MakerBot 开发的独家切片软件，尽管采用自家的切片引擎并且不开源，但仍支持 MakerBot 以外的多种 3D 打印机。其图形化交互式用户界面降低了操作的难度，软件的切片速度较快，打印质量较高，使用 MakerBot 的 3D 打印机效果会更好。

Simplify3D：这是德国公司研发的一款收费切片软件。其功能相当强大，几乎可以取代目前所有 3D 打印软件。Simplify3D 可修复导入的模型，可定制的参数很多，而且支持多个模型以独立的参数同时打印。切片速度很快，打印出来的质量很好，可跨平台，支持众多格式的模型在几乎所有的 3D 打印机上打印。

DaYinLa：打印啦是麦田网络公司针对其 ICEMAN 3D 打印机开发的国产专用型 3D 打印软件。其切片速度与打印效果都不错，借助云平台，将模型、软件、打印整合在一起，并且支持手机等无线终端控制打印。目前国内不少 3D 打印公司研发自主的专用打印软件，比如闪铸科技的 FlashPrint 等。

UniPrinter：这是由汇创网自主研发的国内第一款可定制的 3D 打印软件。其界面简单易懂且操作灵活，支持多国语言，3D 打印初学者以及专业人士均可使用。UniPrinter 切片速度较快，打印效果良好，可支持众多模型格式以及打印机型号，而且具备打印仿真功能，还可通过云端模型库下载模型。

在选择 3D 打印切片软件时，首先应考虑机器是否兼容，然后尽量选择打印效果较好的软件，这是 3D 打印的基本要求。在此基础上分析软件的功能是否能满足模型的打印需求，并以打印时间少、耗材少、切片速度快为衡量的标准，如果软件操作简单而且界面良好，就更完美了。在学习的过程中，可以多接触不同类型的切片软件，采用对比的方法往往会事半功倍。当看到模型的时候，如果能轻松判断出应该采用怎样的参数设置，或者采用哪种切片软件效果会更好时，就说明已具备相当的 3D 打印水平了。当然，这是后话，这需要认真学习并不断积累才能练就，接下来还是一步一个脚印地学习吧！

5.2　Cura 软件安装与机器设置

Cura 是一款高兼容性的通用型切片软件，其界面清爽直观，易学易用，参数设置简单且功能强大，极速切片而打印效果较好。下面将详细讲解 Cura 的软件安装与机器设置。在下载安装之前，先了解 Cura 对计算机的软件与硬件要求。

系统平台：

- Windows Vista 及更高版本
- Mac OSX 10.7 及更高版本
- Ubuntu 14.04 及更高版本——仅支持 64 位系统

硬件需求：

- OpenGL 2 兼容的图形芯片
- Intel Core 2（英特尔酷睿 2）及更高版本
- AMD Athlon 64（AMD 速龙 64）及更高版本

5.2.1　Cura 软件下载

登录 Ultimaker 的官网 https://ultimaker.com/，进入主页工具栏的"Products"

下拉菜单，单击"SOFTWARE"分类中的"Cura Software"即可进入软件页面。
访问网址 https://ultimaker.com/en/products/Cura-software 可直接进入软件页面。

　　如图 5-4 所示，当前 64 位的 Cura 最新版本为 Cura 2.1.3，单击其右方的
"DOWNLOAD FOR FREE"按钮即启动程序下载。单击"Download Cura
15.04.6"即可下载最新版的 Cura 15.04.6 下载程序。单击"View the Cura manual"
可进入 Cura 的使用指南，里面包括了官方提供的软件安装、功能介绍以及参数
设置等内容。单击进入"View all versions"，这里存放着所有版本的 Cura，分为
正式版与测试版两大类，均支持 Windows、MACOS X、Linux 三种操作系统。
下载的时候尽量选择正式版，根据操作系统类型选择相应的版本。单击进入
"Release notes"，可以查看软件版本的更新简介。

图 5-4　Cura 软件页面

　　Cura 目前发布的软件版本分为两个系列，如图 5-5 所示，图 5-5a 为 Cura
15.04，图 5-5b 为 Cura 2.1，前者是由 Cura 12.10 开始一路发展过来的经典版
本，后者是基于 64 位操作系统的切片软件，目前这两个版本都保持更新。我
们平常购买相机、手机等电子产品时，原则上是宜新不宜旧，而这一规则同
样适合于软件的学习。与 Cura 15.04 相比，Cura 2.1 有如下的一些特点：首
先是界面更加人性化，视图区更加真实并精简了一些视图选项。参数设置不
但增加了更多的定制选项，而且还可以根据需要显示与隐藏定制选项。在主
要的设置类型前加入了图标，使用的时候更加直观。另外，还增加了模型修
复、Gcode 修改、3D 打印笔 3Doodler 的支持等功能。接下来我们选用 Windows
64 位版本支持的 Cura 2.1.3 进行讲解。

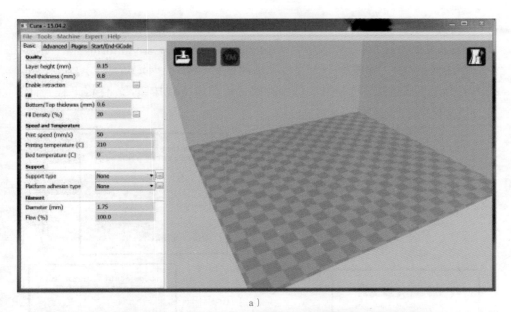

图 5-5　Cura 的两个软件系列

　　在软件安装之前，我们先要下载软件。如图 5-6 所示，整个下载流程可分为五个步骤：①单击进入"View all versions"，根据自己的情况选择合适的软件版本，这里选择"Version: 2.1.3 64 bit"；②网页弹出一个必填选项"I'll be using Cura for:"，单击该选项；③必填选项是官方关于 Cura 用途的一项调查，有如下四项

可供选择："Educational Use"（教育应用）、"Personal Projects"（个人项目）、
"Professional Work"（专业工作）、"I don't want to share any information"（我不
想分享任何信息）；④根据个人的实际情况选择后单击"DOWNLOAD"按钮；
⑤网页弹出下载链接，选择好文件保存路径后单击下载按钮，软件将下载到计算
机的相应位置。

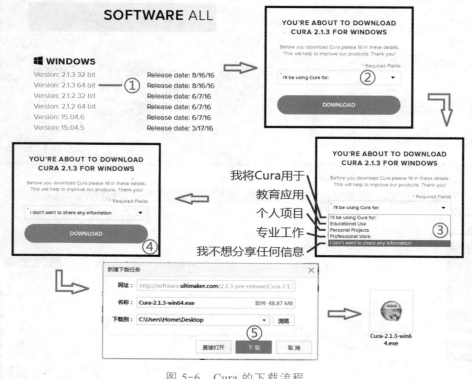

图 5-6　Cura 的下载流程

5.2.2　Cura 软件安装

　　软件安装前，建议暂停或退出计算机的第三方杀毒与系统监控软件，以
避免 Cura 在安装过程中因受到拦截而导致安装失败。如果在安装过程中弹出
杀毒与系统监控软件的对话框时，请选择允许或信任 Cura 的安装程序。
　　右键单击安装程序"Cura-2.1.3-win64.exe"，在弹出的快捷菜单中单击
选择"以管理员身份运行（A）"。此时会弹出一个对话框，如图 5-7 所示。
这是微软在 Windows Vista 及其以上版本的操作系统中采用的一种新的控制
机制，其中一个重要的作用是阻止恶意程序损坏操作系统。由于软件的安装

会对部分系统文件进行读写，因此会弹出此安全提示对话框，单击"是（Y）"
按钮即可进入软件安装向导。

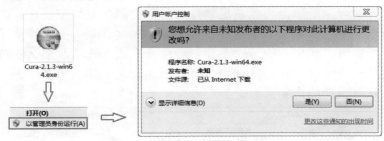

图 5-7　用户账户控制提示

　　如图 5-8 所示，在安装向导页面中按提示点选"下一步（N）"便进入到
许可证协议页面。阅读授权协议后点选"我接受（I）"按钮将进入到选择在
安装位置页面。

图 5-8　安装向导与许可证协议

如图 5-9 所示,在选择安装位置页面,可以选择默认的软件安装目标文件夹,也可以根据自己的需要单击"浏览"按钮来更改安装位置,不过要注意目标位置的可用空间是否能满足软件的所需空间。安装位置选好之后,单击"下一步(N)"即可进入到选择"开始菜单"文件夹页面。这里通常选择其默认设置即可,如果勾选了"不要创建快捷方式"选项,那么安装完毕后在开始菜单里将没有 Cura 的快捷方式。该页面设置完毕后单击"下一步(N)"即可进入软件组件的定制页面。

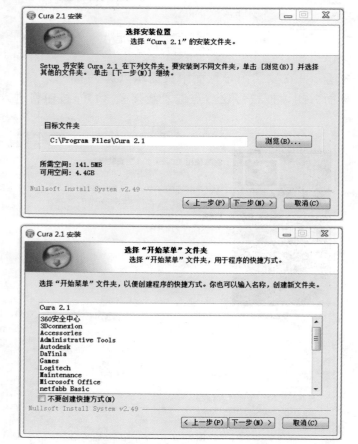

图 5-9 选择安装位置与选择"开始菜单"文件夹

如图 5-10 所示,软件一共有如下五个安装组件:

● **Install Arduino Drivers**:安装 Arduino 驱动,即安装 3D 打印机控制器的驱动程序。该选项默认是勾选的,如果不选用软件调平以及联机打印的话可以不装这组件。

● **Cura Executable and Data File**:Cura 的可执行文件以及数据文件,

这是 Cura 软件的主体。此选项默认勾选并且呈灰色不可更改。

- **Install Visual Studio 2010 Redistributable**：微软的 VS 开发工具包，很多软件的安装都需要用到 VS，此选项默认勾选，建议保持默认的选择。
- **Open STL files with Cura**：设置为 STL 文件的默认打开程序为 Cura。STL 是常用的 3D 模型格式，如果计算机安装有其他的 3D 建模软件，则根据需要决定是否设置 Cura 为其默认打开软件，此选项默认勾选。
- **Open OBJ files with Cura**：设置为 OBJ 文件的默认打开软件为 Cura。OBJ 也是常用的 3D 模型格式，如果计算机安装有其他的 3D 建模软件，则根据需要决定是否设置 Cura 为其默认打开软件，此选项默认不勾选。

组件选择完毕后，单击"安装（I）"按钮即进入安装页面，软件将进入自动安装状态。

图 5-10　选择组件

如图 5-11 所示，软件开始自动安装后，页面右下角的三个按钮变成灰色，即软件在安装过程中将不能人为中断。随着绿色进度条不断向右方推进，软件的主体程序将陆续复制到安装目录，单击页面左方的"显示细节（D）"按钮即可看到详细的安装过程。

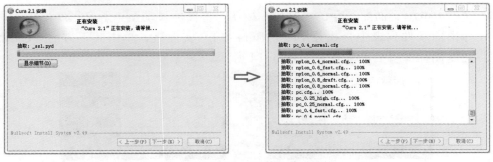

图 5-11　正在安装

当安装 Arduino 驱动时，系统将弹出安全警告对话框，如图 5-12 所示。单击"始终安装此驱动程序软件（I）"选项，继续安装。

当绿色进度条到达尽头后页面将自动跳转至安装完成页面，如图 5-13 所示。单击"完成（F）"结束安装向导。至此，Cura 2.1.3 win64 安装成功。如果勾选了"运行 Cura 2.1（R）"选项，安装结束后软件将自动启动。

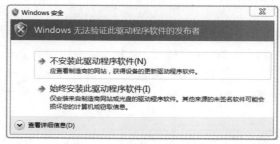

图 5-12　Windows 安全警告

图 5-13　安装完成

5.2.3　添加 3D 打印机

单击电脑桌面左下角的"开始"按钮，将鼠标移动至"所有程序"选项，在弹出的软件列表中查找并单击"Cura 2.1"文件夹，单击其下方的"Cura 2.1.3"图标即可启动软件，如图 5-14 所示。

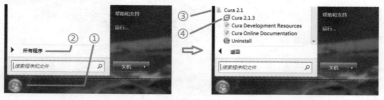

图 5-14　启动 Cura 软件

第一次运行 Cura，软件将直接进入打印机添加向导，如图 5-15 所示。添加打印机的步骤很简单：首先在对话框左上角选择 3D 打印机的型号。这里分为 Ultimaker 和 Other 两个生产商选项，Ultimaker 中的"Ultimaker 2 Extended +"与"Ultimaker 2"自带喷嘴选项，"Ultimaker Original +"与"Ultimaker Original"附带设置向导；Other 包括多个生产商共 13 种机型。然后在对话框左下角可以更改打印机的名字，这一栏默认为选中的打印机型号。最后单击对话框右下角的"Finish"即可完成 3D 打印机的添加。如果有多台不同型号的 3D 打印机，可以把这些机器都添加进去，在后面使用的时候可根据需要进行切换。

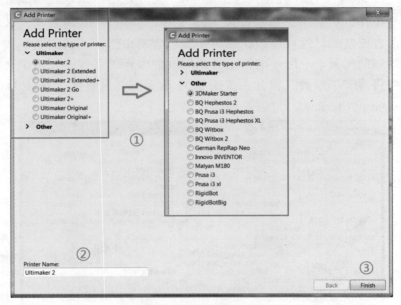

图 5-15　添加打印机

相信看到这里很多朋友可能会有这么个疑问：我把这机型列表看了几遍都没发现对应的机型，怎么办呢？确实，在 Other 里面就只有 Malyan M180 是国产的机型，而且相信绝大多数朋友并不是用这机型的。不过别担心，还有一个解决方法——定制机型。如果是在 Cura 15.04 中，Other 里面还有一个自定义向导帮助大家根据自己的机型进行定制，但在 Cura 2.1 中并没发现这个选项。这是由于 Cura 2.1 采用了全新的数据格式 Json，通过修改或增减 Json 文件，可以添加所需的机型选项。

下面将以 JannyPrinter 2 为例给大家讲解下如何定制机型：

① ▶　要找出机型文件的存放地方。由于之前安装的 Cura 2.1.3 选用的是默

认的安装路径 C:\Program Files\Cura 2.1，所以机型文件存放的位置是 C:\Program Files\Cura 2.1\resources\machines。如果安装时选择了其他的路径，请参考这两个路径进行查找。

②　查找同类机型的 Json 文件。尽管 JannyPrinter 2 是以 Ultimaker 2 为基础的 DIY，但应选 "ultimaker_original.json" 以取得更多的参数设置项。对于其他机型，比如 Prusa i3，可找出与 Prusa i3 相关的 Json 文件。如果凭文件名不能判断出来，可以通过网络找出 Other 里面机器型号的参数并与自己的机型进行对比，选择相似度最高的机型文件。

③　修改 Json 文件。首先将选中的 Json 文件复制出来，通常放到桌面以便操作。然后用记事本打开 Json 文件，如图 5-16 所示，此时的文件内容挺乱的，这样修改比较麻烦而且容易出错。这就需要引入第三方的辅助工具——Json 编译工具。Json 的编译工具很多，由于只需查看并修改若干参数，因此在线的 Json 编译工具是首选。登录 Json 中文网 http://json.cn/，可以看到编译界面。

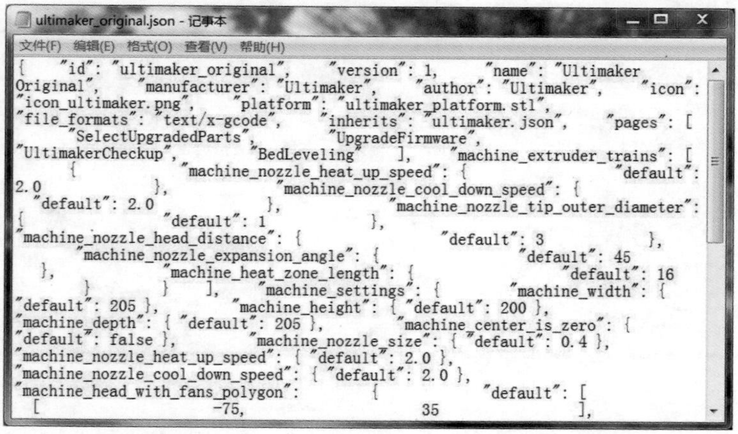

图 5-16　用记事本打开的 Json 文件

　　如图 5-17 所示，复制用记事本打开后的 Json 文件里的所有内容，然后粘贴到网页左面的输入框，此时会发现原本杂乱的代码变得井然有序了。通常只需修改机器的 ID、名字、生产商、宽度、深度、高度、热床选项，即可创建新机型的 Json 文件。Json 有个特点是可继承使用，比如当前打开的 Ultimaker 2.json 是继承于 Ultimaker.json，而 Ultimaker.json 则继承于 fdmprinter.json。即 fdmprinter.json 为原始机器配置文件，具有最多的可设置参数，其他配置文件只需对其直接或间接继承，并增加新定制的参数，即可完成新机型的参数设置。这种数据格式可保持原始配置文件不变，在增加各种型号配置文件的同时减少了配置文件的体积，并且使得参数一目了然。

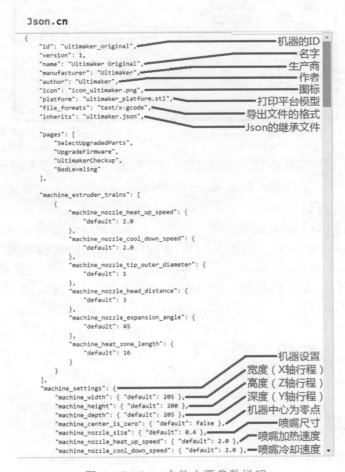

图 5-17　Json 文件主要参数说明

将图 5-16 所示记事本里的内容全部删除，然后将在 Json.cn 里面改好的内容全部复制下来，粘贴回记事本里并保存，最后将记事本的文件名由"ultimaker_original.json"改为"JannyPrinter 2.Json"，注意文件的扩展名必须为".json"，如图 5-18 所示。除此之外，由于 JannyPrinter 2 是基于 Ultimaker2 开发的 DIY 机型，所以两者的配置文件基本一致，因此也可以选用 Ultimaker 2.json，打开并修改机器的 ID、名字、生产商等信息即可。当然也可以直接使用 Ultimaker 2.json。

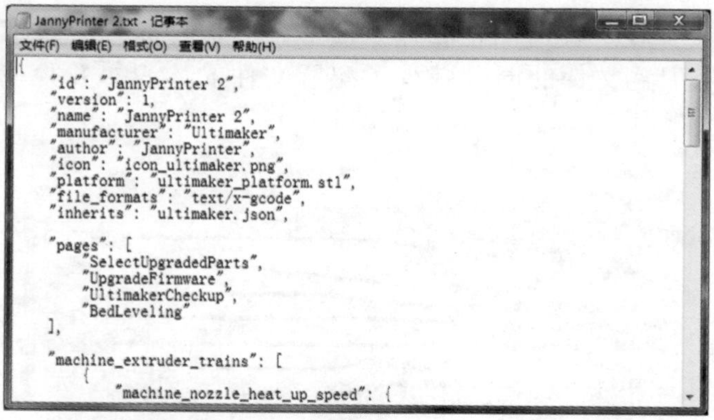

```
JannyPrinter 2.txt - 记事本
文件(F) 编辑(E) 格式(O) 查看(V) 帮助(H)
{
    "id": "JannyPrinter 2",
    "version": 1,
    "name": "JannyPrinter 2",
    "manufacturer": "Ultimaker",
    "author": "JannyPrinter",
    "icon": "icon_ultimaker.png",
    "platform": "ultimaker_platform.stl",
    "file_formats": "text/x-gcode",
    "inherits": "ultimaker.json",

    "pages": [
        "SelectUpgradedParts",
        "UpgradeFirmware",
        "UltimakerCheckup",
        "BedLeveling"
    ],

    "machine_extruder_trains": [
        {
            "machine_nozzle_heat_up_speed": {
```

图 5-18　JannyPrinter 2 的 Json 文件

④ 将修改好的 Json 文件放回对应的文件夹。这里将 JannyPrinter 2.json 放回到 C:\Program Files\Cura 2.1\resources\machines，如果在移动的过程中计算机弹出安全提示对话框，请允许修改。

重新运行 3D 打印机添加向导，这时会发现机器生产商增加了 JannyPrinter 一项，选中其下的 JannyPrinter 2，单击对话框右下角的“Finish”即可完成打印机的添加，如图 5-19 所示。目前 Cura 2.1 可支持打印平台为方形的机型，但官方尚未提供打印平台为圆形的机型（比如 Delta printer），这个应该在后续的软件版本中可以得到解决。如果必须使用圆形打印平台的机型，可以选用 Cura 15.04.6 版软件。

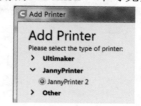

图 5-19　增加的定制机型

5.3 Cura 主界面及软件操作流程

与前面所讲的 3D 打印流程类似，Cura 的操作也有相应的基本流程。这一节先来熟悉 Cura 的主界面以及软件的操作方法，然后讲述软件操作的流程。

5.3.1 Cura 主界面

Cura 2.1.3 的主界面直观简洁，其选项分布方式符合切片设置的流程，而且当鼠标移至选项时会弹出相应的帮助信息，这点相当实用。但目前官方软件不提供中文语言支持，而第三方的汉化文件也尚未发布，因此软件的界面以及帮助文件默认为英文。

如图 5-20 所示，软件可分为如下功能模块或选项：

① 菜单栏。软件功能的汇总区，与界面中的栏目相对应，分为如下八项：File（文件）、Edit（编辑）、View（视图）、Printer（打印机）、Profile（配置文件）、Extensions（扩展功能）、Settings（设置）、Help（帮助）。

② 加载文件。

③ 编辑功能区。自上而下为缩放、旋转、镜像、独立参数调节四大功能。

④ 视图模式。包括 Solid（实体）、X-Ray（X 射线）、Layers（图层）三种。

⑤ 视图区。

⑥ 模型。

⑦ 打印平台。

⑧ 模型名称。加载模型后，这里将显示模型的默认名称，单击右方的铅笔图标可修改模型名称，而且支持中文名称。

⑨ 模型信息栏。这一栏由三个部分组成：第一项是模型在 x、y、z 轴方向的长度，即模型所占空间的立方尺寸。左下角是打印时间显示，精确到分钟。右下角是耗材用量显示，用长度来衡量，以米为单位。当模型调整发生变化或者改变了打印参数，模型信息栏将自动改变。

⑩ 打印机设置。选择或定制打印机，部分打印机还支持喷嘴与材料设置。

⑪ 打印设置。这里供选择打印配置文件，界面分为简单与高级两种模式，可调节众多打印参数。

⑫ 状态与保存栏。该栏目由英文提示信息与进度条组成，用于显示模型以及切片的状态。右下角为保存栏，用于输出 Gcode 文件。

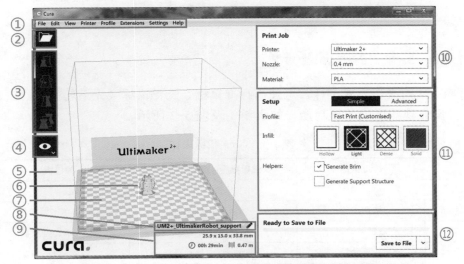

图 5-20　Cura 主界面

5.3.2 Cura 基本操作流程

切片是打印流程中的重要一环，下面将以 Cura 的操作流程讲解切片的方法。

如图 5-21 所示，以虚线框选出 Cura 的基本流程：第一，导入模型；第二，调整模型；第三，打印机设置；第四，打印参数设置；第五，导出 Gcode 文件。

当进行到打印参数设置的时候，借助视图模式可以查看出打印层的细节，如果发现有问题，比如说模型的放置造成支撑添加过多，可以回到第二步的调整模型，借助编辑功能对模型进行重新调整。调整完毕后，既可以按基本流程依次操作，也可以跳过打印机设置直接进入打印参数设置。倘若重新调整模型仍解决不了问题，可跳出切片流程，在模型环节里重新修改或者更换模型后再重新进行切片操作。

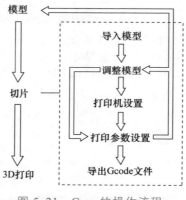

图 5-21　Cura 的操作流程

5.3.3 鼠标操作及热键功能

Cura 的操作方式多样，可使用标准鼠标、三键鼠标（无滚轮）、触控板、键盘操作视图区的各项功能，如表 5-1 及表 5-2 所示。

表 5-1　Cura 鼠标操作

动作	标准鼠标	三键鼠标（无滚轮）	触控板
点选	单击左键	单击左键	单击触控板
移动	按住滚轮	Shift +右键移动	Shift +单击触控板
旋转	点右键移动鼠标	点右键移动鼠标	Ctrl +单击触控板
缩放	拨动滚轮	空格键+纵向移动鼠标	空格键+纵向滑动

表 5-2　Cura 热键功能

热　键	功　能
方向键	旋转模型
"+"与"-"键	缩放模型
Ctrl+"上"或"下"方向键	图层视图模式时上下选择层
按住 Shift	模型缩放功能时开关快速缩放功能 模型旋转功能时开关快速旋转功能
按住 Ctrl	模型缩放功能时开关统一缩放功能
Ctrl+Z	撤销操作
Shift+Z	恢复操作
Ctrl+单击左键	选择多个打印模型
Ctrl+D	清除打印平台上的所有模型
Delete	删除选中的模型
Ctrl+O	打开文件

5.4　导入模型——Cura 的文件功能

菜单栏的第一项是文件功能菜单，如图 5-22 Cura 的文件功能所示，其下拉菜单中包含六个功能项：

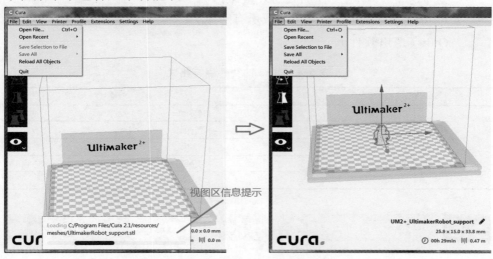

图 5-22　Cura 的文件功能

① ▶ Open File…（打开文件）。该功能用于模型文件的导入，对应视图区左上角的加载文件图标。单击该命令后将弹出文件选择对话框，目前 Cura 支持加载多种文件格式，如表 5-3 所示。模型在加载的过程中，视图区将浮动显示信息提示。

表 5-3　Cura 可加载的文件格式

类　　型	名　　称	格　　式
平面图形	BMP Image	*.bmp
	GIF Image	*.gif
	JPEG Image	*.jpeg
	JPG Image	*.jpg
	PNG Image	*.png
3D 模型	3MF File	*.3mf
	STL File	*.stl
	Wavefront OBJ File	*.obj

　　Open Recent（打开最近的文件）。该项目将依次记录最近的文件打开历史，如果需要打开最近的某个文件，可直接单击加载，省去了文件的查找过程。

②　Save Selection to File（保存选择的项目至文件）。该选项默认是灰色不可选状态，当文件加载并且模型被选中的时候才被激活。Cura 可将模型保存为多种文件格式，如表 5-4 所示。

③　Save All（保存所有）。该功能可保存所有文件为多种格式，跟 Save Selection to File 的文件保存格式相同，对应的该选项默认是灰色不可选状态，只有当文件加载后才被激活。

④　Reload All Objects（重新加载所有对象）。

⑤　Quit（退出软件）。

表 5-4　Cura 的文件保存格式

类型	名称	格式
3D 模型	3MF File	*.3mf
	STL File（ASCII）	*.stl
	STL File（Binary）	*.stl
	Wavefront OBJ File	*.obj
打印程序	Gcode File	*.Gcode

5.5　调整模型——Cura 的编辑功能

　　Cura 不但拥有视图区左上方的四大编辑功能，而且在菜单栏第二项的编辑功能里还整合了几个编辑工具。

5.5.1　移动

　　如图 5-23 所示，当模型被选中的时候，模型轮廓将以蓝色显示，并且在模型中心出现一个方向控制器，三色显示的方向控制器与模型坐标相对应。
模型移动有两种方式：

① ▶ 用鼠标点选模型并按住左键移动鼠标，模型将在 x、y 轴方向自由移动。

② ▶ 点选方向箭头，模型将在该坐标轴方向移动。需要注意的是：当点住 z
轴箭头（蓝色）并向上移动时，模型将离开打印平台，松开鼠标左键后
模型将自动回到打印平台；点住 z 轴箭头将模型部分移动至打印平台下
面，松开鼠标后单击一下左键将确定模型当前的 z 方向位置，此时软件
会自动切除模型在打印平台下面的部分，即该部分将不被打印。

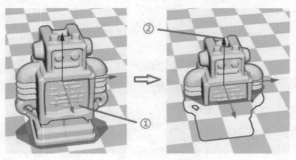

图 5-23　模型的移动

5.5.2　缩 放

缩放功能主要用于调整模型的大小。三个轴向可同步或独立调整，分为
按尺寸调整以及按比例调整两种方式，如图 5-24 所示。

① ▶ 模型缩放功能。点选模型后再单击缩放功能图标即可进入缩放调整
模式。

② ▶ 模型最大化。单击该图标软件将根据预设的 3D 打印机最大可打印的
体积自动将模型按比例放大至最大尺寸。

③ ▶ 按尺寸缩放。直接输入尺寸改变模型大小，单位为"mm"。

④ ▶ 按比例缩放。直接输入比例改变模型大小，单位为"%"。

⑤ ▶ 用方向控制器控制缩放。启动缩放功能后方向控制器的圆锥箭头将变
成立方箭头，拖动任意一个立方箭头将改变模型在该轴上的尺寸。

⑥ ▶ 重置模型比例。单击该按钮模型将恢复至原始尺寸比例。

⑦ ▶ 快速缩放。通过勾选或 Shift 键进行功能的切换。

⑧ ▶ 同步缩放。通过勾选或 Ctrl 键进行功能的切换。当勾选该功能时，软

件以三轴同步的方式按尺寸、比例或方向控制器控制模型的缩放。

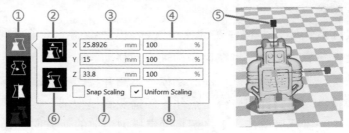

图 5-24   模型的缩放

5.5.3   旋　转

旋转功能主要用于调整模型放置的角度，如图 5-25 所示：

① ▶ 模型旋转功能。点选模型后再单击旋转功能图标即可进入旋转调整模式。

② ▶ 重置。将模型恢复至初始状态。

③ ▶ 放倒模型。当模型局部离开打印平台时，启动该功能让模型重新贴合打印平台。如果模型的贴合面为非平面，将以三点重合的方式与打印平台贴合。

④ ▶ 快速旋转。通过勾选或 Ctrl 键进行功能的切换。快速旋转以 5° 为单位转动模型，取消快速旋转时将以 1° 为单位转动模型。

⑤ ▶ 旋转环。当激活旋转功能时，方向控制器由原来的坐标式三轴圆锥形箭头变成对应的三个旋转环。用鼠标点住旋转环并顺着圆环方向移动鼠标箭头，模型将相应转动。

⑥ ▶ 旋转角度。转动模型时在鼠标箭头旁会显示转动的角度。

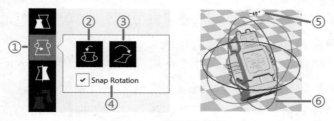

图 5-25   模型的旋转

5.5.4   镜　像

在打印对称模型的时候，可凭其中任意一个使用镜像功能获取其对称的另一个模型，如图 5-26 所示。

① ▶ 模型镜像功能。点选模型后再单击镜像功

　　能图标即可进入镜像调整模式。

② ▶ 镜像方向控制器。当激活镜像功能时，方

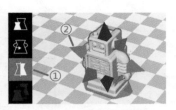

图 5-26　模型的镜像

向控制器由原来的坐标式三轴圆锥形箭

头变成六向四棱锥箭头，每一轴有正反方

向的两个四棱锥箭头。单击任意一个四棱锥箭头，原模型将自动变成

该方向的镜像模型。

5.5.5　独立参数调节

当打印平台上有多个模型的时候，可以对每个独立的模型进行参数调节。开启模型的独立参数调节功能需要具备两个条件，第一个是打印平台上具有一个以上的模型（或者模型分组），第二个是在打印设置区里选择"Advanced（高级模式）"，如图 5-27 所示。

① ▶ 独立参数调节。点选模型并选择打印设置区里的"Advanced（高级模式）"，然后单击独立参数调节功能图标即可启动独立参数调节功能。

② ▶ 添加设置项按钮。该按钮将激活设置选项添加对话框。

③ ▶ 选中的模型。被选中模型的轮廓以蓝线显示。

④ ▶ 高级模式。打印设置区的"Advanced"选项。

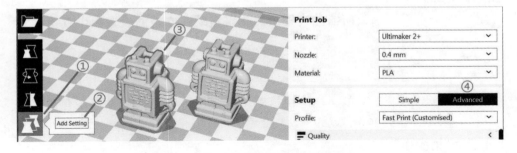

图 5-27　开启模型的独立参数调节

单击"Add Setting（添加设置项）"按钮后会弹出一个添加设置项对话框。单击对话框中的任意设置项，该选项将自动添加到参数设置列表中并退出对话框，参数设置列表可添加或删除任意设置项，如图 5-28 所示。

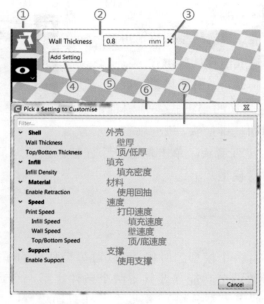

图 5-28 添加与删除设置项

① ▶ 独立参数调节

② ▶ 设置项

③ ▶ 删除按钮。单击后直接删除对应的设置项。

④ ▶ 添加设置项按钮

⑤ ▶ 参数设置列表

⑥ ▶ 添加设置项对话框

⑦ ▶ 搜索引擎。输入所需的设置项名称可自动在支持的设置项中查找。

5.5.6 其他编辑功能

在菜单栏的编辑菜单、模型快捷菜单、视图区快捷菜单里，还有其他的编辑功能，如图 5-29 所示。

① ▶ 撤销操作

② ▶ 恢复操作

③ ▶ 删除所选模型。点选模型后按 Delete 键可删除所选模型。

④ ▶ 将模型放置在打印平台中心。点选模型后执行该命令，模型将放置到打印平台中心。

⑤ ▶ 删除模型。该功能与前面的删除所选模型一致。

⑥ ▶ 复制模型。点选任意模型文件后执行该命令，将在所选模型后方复制出一个新的模型。

⑦ ▶ 清空打印平台。执行该命令将一次性删除打印平台上的所有模型。

⑧ ▶ 重新加载所有模型。执行该命令，打印平台上的所有模型将被重新加载。

⑨ ▶ 重置所有模型的位置。执行该命令，打印平台上的所有模型将重新回到加载时的位置。

⑩ ▶ 重置所有模型的变换。执行该命令，打印平台上的所有模型将重新回到加载时的状态，撤销所有执行过的缩放、旋转、镜像命令。

⑪ ▶ 模型分组。当打印平台上有一个以上的模型时，可执行该命令对模型进行分组。该功能支持模型与模型、模型与组、组与组的重新分组整合，但模型以及分组不能相交。模型分组后将自动形成一个与 3D 打印机三轴同向红色线框区域，在分组形成的那一刻，红色线框区域中的其他模型将自动移出分组的空间。模型分组后，同组模型的打印参数保持一致，因此对于参数类似的模型可进行分组打印。

⑫ ▶ 模型合并。该命令的功能与模型分组一致，但支持模型相交，可使两个相交的模型重新合成一个新模型。

⑬ ▶ 解除模型分组。该功能是模型分组以及模型合并的逆操作，其基本原理是按树状结构逐层解除分组。

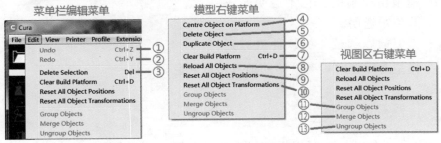

图 5-29 其他编辑功能

5.6 查看模型——Cura 的视图模式

Cura 2.1 系列有三种视图模式：Solid（实体）、X-Ray（X 光透视）、Layers（图层），用于检验模型在这些状态下的是否合理。

5.6.1 实体查看模式

实体查看模式主要有两个功能，一个是检验模型是否已加载，另一个是检验模型加载是否正确，如图 5-30 所示。

① ▶ 图模式。

② ▶ 实体查看模式。

③ ▶ 模型加载错误。当模型的体积或者位置超出 3D 打印机的打印范围极限时，模型将以灰色显示，需要重新调整模型。

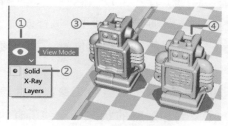

图 5-30 实体查看模式

④ ▶ 模型加载正确。当模型被正确加载时将以黄色显示。

5.6.2 X 光查看模式

X 光查看模式主要用于检验模型是否有缺陷，如图 5-31 所示。

① ▶ 视图模式。

② ▶ X 光查看模式。主要用于检验模型文件是否有缺陷。

③ ▶ X 光模式下的模型。该模式下，模型由原来的黄色不透明变成紫色半透明。

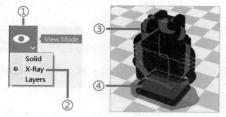

图 5-31 X 光查看模式（图片局部来源于 Ultimker 官网）

④ ▶ 模型问题部位。当软件检测到模型有问题时，有缺陷的地方将以红色显示。

5.6.3 图层查看模式

图层查看模式，主要用于逐层模拟分析打印参数设置是否合理，评估打印的质量，如图 5-32 所示。

① ▶ 视图模式。

② ▶ 图层查看模式。该模式下模型以多种不同颜色显示其各部分功能与结构。

③ ▶ 图层调整栏。用鼠标点住调整栏的蓝色圆形图标并上下移动，可来回

查看各个图层。还可以通过键盘上的"↑""↓"方向键查看图层。由于方向键控制是逐层操作的,精度比鼠标拖动更高,常用于模型的精细查看。

④ ▶ 图层号。图层号实时显示了调整栏的实际位置,还可以直接在此输入相应的图层号,软件将自动跳转到所输入的图层。

图 5-32 图层查看模式

5.7 打印机设置

当模型加载并调试完毕后,需要选择对应的 3D 打印机以便进行后面的参数设置。

如图 5-33 所示,官方提供的"Ultimaker 2+"就比"Ultimaker 2"多了喷嘴直径以及打印材料两个定制功能。可以在打印机设置栏直接完成喷嘴直径以及打印材料的选择,每一种供选择的打印材料已包含该材料官方提供的打印温度、速度等参数,直接选择即可使用。因此这种增强型的打印机配置文件如果搭配打印设置栏里的简单模式,可使参数调节过程更加便捷,比较适合初学者使用。

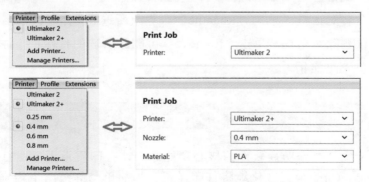

图 5-33 不同打印机配置文件的功能差异

不管选用的是哪种机型,在 Printer(打印机)菜单下都有两个选项:"Add

Printer…（添加打印机）"与"Manage Printers…（管理打印机）"。添加打印机功能就是前面第一次运行 Cura 时的打印机添加向导，详见"5.2.3 添加 3D 打印机"。而管理打印机的操作方法如图 5-34 所示。

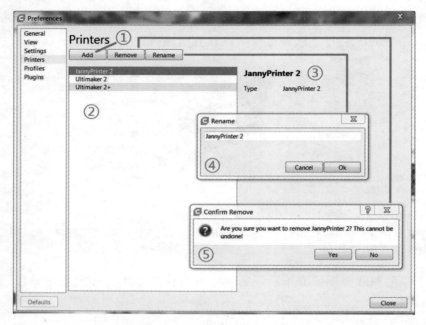

图 5-34　管理 3D 打印机

① ▶ 添加打印机。详见"5.2.3 添加 3D 打印机"。

② ▶ 打印机列表。显示已添加的 3D 打印机。

③ ▶ 打印机信息。显示所选 3D 打印机的信息。

④ ▶ 重命名对话框。单击"Rename"可更改所选 3D 打印机的名字。

⑤ ▶ 确认删除对话框。单击"Remove"可删除所选的打印机，注意，删除操作不可撤销。

5.8　打印设置

　　打印设置是整个切片软件的核心功能之一，打印质量大多由打印参数的设置来决定。Cura 很人性化地将打印设置分为简单与高级两个级别，既满足了初学者的使用，同时也给高级用户更多定制的自由。通过 Profile 文件的管理，还可以导入或导出打印参数配置文件。

5.8.1　简单打印模式

　　简单模式的图形化界面简单明了,只需设置 Profile(打印参数配置文件)、Infill(填充)、Helpers(辅助部件)三项即可完成打印参数的设置,如图 5-35 所示。

① ▶ 模式选择。选中 Simple(简单模式)后,该选项将以白字黑底显示。

② ▶ 打印参数配置文件。选择所需的配置文件,如 Fast Print(Customised)。

③ ▶ 填充。用于平衡模型的强度与重量,可根据需要在空心与实心范围内进行选择,以实心部分的百分率为计算标准。简单模式的填充简化成四个图示选项:Hollow(空心)、Light(轻便)、Dense(密集)、Solid(实心)。其对应的实心百分率依次为:0%、20%、50%、100%。

④ ▶ 辅助部件。主要用于提高打印的稳定性,简单模式里将其简化成两个勾选项:Generate Brim(生成边缘)与 Generate Support Structure(生成支撑结构)。Brim 是打印首层的延伸,以首层轮廓为基础,像同心圆一样逐圈紧贴地向外生成预定的圈数。其最大的作用是通过增加首层的附着面积来减少打印首层翘边的发生,所以当模型附着面积较小时可勾选该项。Support Structure 主要用于承托打印件的悬空部分,换个更直观的说法就是给悬空的打印部分搭建一个脚手架以提高悬空类打印件的打印成功率。

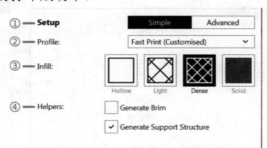

图 5-35　简单打印模式

5.8.2　高级打印模式

　　高级模式保留了简单模式中的 Profile 功能,取消了预设的 Infill、Helpers 选项,取而代之的是精细分类的打印参数设置项,如图 5-36 所示。

① ▶ 模式选择。选中 Advanced(高级模式)后,该选项将以白字黑底显示。

② ▶ 打印参数配置文件。

③ ▶ 打印参数分类。包括质量、填充、温度等众多打印参数分类。

④ ▶ 定制按钮。当鼠标移至任意一种打印类别选项时，其右方将显示定制
　　 按钮，单击将进入设置可见性页面，对所需选项进行可见性定制。

⑤ ▶ 参数设置项。通过参数输入或者项目勾选等方式进行打印参数设置。

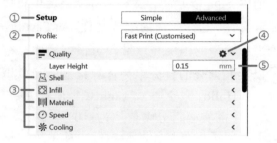

图 5-36　高级打印模式

5.8.3　定制打印参数配置文件

在设置打印参数之前，需要先指定打印参数配置文件。如图 5-37 所示，
打印参数配置文件菜单由配置文件列表以及两个工具"Add Profile…（添加
配置文件）"与"Manage Profiles…（管理配置文件）"构成。

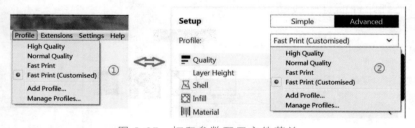

图 5-37　打印参数配置文件菜单

① ▶ 打开菜单栏的打印参数配置文件菜单。

② ▶ 打印设置区的打印参数配置文件菜单单击"Add Profile…"或"Manage
　　 Profiles…"可跳转至打印参数配置文件管理页面，如图 5-38 所示。

① ▶ 打印参数配置文件列表。在初始状态下，文件列表有如下四个配置文
　　 件："Current Settings（当前设置）""High Quality（高品质）""Normal
　　 Quality（正常品质）""Fast Print（快速打印）"。由于 Current Settings
　　 正在使用中，而且另外三个配置受系统的保护，因此该页面工具栏中

的"Remove（删除）"与"Rename（重命名）"选项为灰色显示，处于禁用状态。

② ▶ 当前打印参数配置文件信息。

③ ▶ 添加打印参数配置文件。单击"Add（添加）"按钮，列表中将自动生成新的配置文件"Fast Print（Customised）"，此时"Remove"与"Rename"选项处于启动状态，可对新配置文件进行删除或重命名操作。

④ ▶ 删除打印参数配置文件。弹出的对话框提示执行删除操作后，被删除的打印参数配置文件将不可恢复。

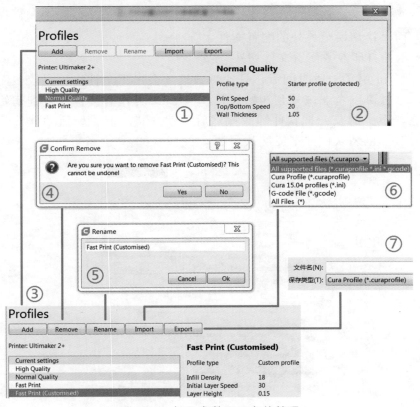

图 5-38　打印参数配置文件管理

⑤ ▶ 重命名打印参数配置文件。可在弹出的对话框中输入新的文件名并确认。

⑥ ▶ 导入打印参数配置文件。目前支持如下三种文件格式：Cura Profile（*.Curaprofile）、Cura 15.04 profiles（*.ini）、Gcode File（*.Gcode）。

⑦ ▶ 导出打印参数配置文件。目前只支持 Cura Profile（*.Curaprofile）格式。

除了上述管理页面里的五个功能之外,还可以对打印参数配置文件进行编辑修改。如图 5-39 所示,当打印参数发生改变并且需要更换打印参数配置文件时,编辑修改对话框才弹出来。

① ▶ 打印参数设置。

② ▶ 切换打印参数配置文件。

③ ▶ 创建打印参数配置文件。

④ ▶ 更新当前的打印参数配置文件。如果当前的配置文件为列表初始状态中四个配置文件的任意一个,则该更新选项将不存在。

⑤ ▶ 放弃更改。若执行该命令,当前配置文件所做的更改将不会被保存,而直接切换至另外的配置文件。

⑥ ▶ 取消打印参数配置文件切换

当 Cura 用了一段时间后,打印参数选项会由于个性化设置较多而变得凌乱,这时可以考虑恢复到初始设置,但 Cura 并没有提供恢复到初始状态的功能。不少朋友会把软件卸载掉然后重新安装,但重新启动软件后发现界面依旧,重装软件并不能解决问题。

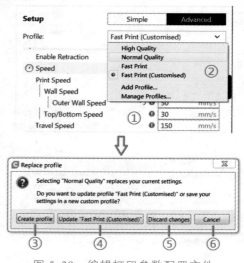

图 5-39　编辑打印参数配置文件

其实将软件恢复至初始状态并非难事,具体操作如下:

① ▶ 确保已关掉 Cura 软件。

② ▶ 在文件浏览器中输入地址 C:\Users\用户名\AppData\Local 并按回车键。这里需要注意的是,如果是按文件夹逐层单击进入,可能会找

不到"AppData"文件夹。这是因为"AppData"是隐藏的文件夹，通常情况下不显示，需要将计算机设置成"显示隐藏文件夹"模式，文件夹才能显示出来。

③ ▶ 删除 Cura 文件夹。里面包含了该软件的众多配置文件。

④ ▶ 重新启动 Cura。重启 Cura 将弹出打印机添加向导，这也意味着软件已恢复到出厂状态。

5.9 打印参数设置

打印参数设置基本集中在高级打印模式下参数设置面板里，合理的参数设置是高质量打印件的保证。打印参数的设置分为数值输入、项目勾选、菜单选择三种方式，具体的操作方式如图 5-40 所示。

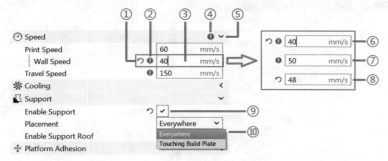

图 5-40　参数设置面板的基本操作方法

① ▶ 重置按钮。单击可使当前的参数值恢复至 Profile 的预设值。

② ▶ 计算设置按钮。单击可使当前的参数值恢复至软件的计算值。

③ ▶ 参数输入框。可直接输入数值。

④ ▶ 隐藏设置按钮。当输入的参数引起其他隐藏设置项的参数发生变化时，在该参数类别的右上角会出现隐藏设置按钮。单击该按钮将显示出相关的隐藏设置项，按钮也随之消失。这里要注意的是隐藏设置按钮与计算设置按钮的图标是相同的，但所在的位置不同，功能也不一样。

⑤ ▶ 菜单折叠按钮。单击该按钮将展开或折叠参数设置项。

⑥ ▶ 自定义数值状态。当输入的数值与 Profile 预设值以及软件计算值不同时，参数输入框前将显示重置按钮以及计算设置按钮。

⑦ ▶ Profile 预设值状态。该状态在参数输入框前将显示计算设置按钮。

⑧ ▶ 计算设置值状态。该状态在参数输入框前将显示重置按钮。

⑨ ▶ 项目勾选。勾选所需的项目将启动相应的功能或相关的设置项列表。

⑩ ▶ 菜单选择。单击选择下拉菜单中所需的选项。

5.9.1　机　器

机器参数分类主要用于设置 3D 打印机硬件参数，目前该类别只有喷嘴直径一项。如图 5-41 所示，可以在打印机选项的喷嘴菜单里选择对应的预设值，也可以在参数设置面板的喷嘴直径设置项里直接输入。除了常见的喷嘴规格外，还可以输入特殊规格的喷嘴直径，软件将按该尺寸计算出新的打印配置。这里要注意的是当遇到相同的参数设置项时，软件将以参数设置面板里的设置项数值为准。

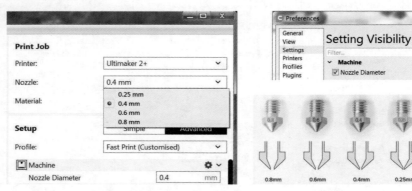

图 5-41　喷嘴选项及常见喷嘴规格（图片来源：Ultimaker 官网）

5.9.2　质　量

参数设置面板中的质量分类指的是打印件外观可见部分的细致程度，主要包括：Layer Height（层高度）、Initial Layer Height（初始层高度）、Line Width（线宽）。具体的参数设置项如图 5-42 所示。

Layer Height：打印层的高度以 mm 为单位，是最常用的设置项之一。层高度、打印件的表面粗糙度、打印时间是三个紧密关联而又此消彼长的指标。对于同一个打印件来说，层高度越低层数就越多，而打印件表面就越光滑，不过打印时间就长很多了。如果设置层高度较高则打印层数就相应减少，从而使得打印件表面变得粗糙，但打印时间大幅度缩短。关于层高度有如下常用的选项：

- **0.06mm：**这是高精度打印，打印件表面最光滑，但打印时间最长。
- **0.1mm：**这是介于高精度打印与快速打印之间，光滑度一般，打印时间适中。
- **0.15～0.2mm：**这是用于快速打印的层高度，其表面较粗糙，但打印时间最短。

这里要注意的是每种喷嘴的直径都有相对应的可打印层高范围，见第 1 章的表 1-2。

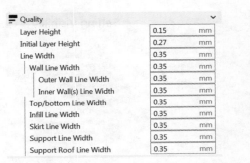 

图 5-42　质量相关的设置项

Initial Layer Height：通常情况下初始层比普通层更厚，这样设定可使初始层与打印平台表面有更高的附着力。因此在确保足够附着力的前提下尽量使初始层与普通层的高度接近以达到更好的外观效果。

Line Width：这是指单一打印线条的宽度。当指定线宽后，软件将根据喷嘴直径以及打印速度自动调整材料的挤出率以确保线宽。还可以根据需要定义打印件不同位置的线宽：

- **Wall Line Width：**壁线宽。当遇到双层壁时，还可以定义 Outer Wall Line Width（外壁线宽）与 Inner Wall(s) Line Width（内壁线宽）。若壁的层数超过两层时，只有最外层被定义为外壁，其余壁层均为内壁。
- **Top/ bottom Line Width：**顶层/底层线宽。
- **Infill Line Width：**所有填充物料的线宽。
- **Skirt Line Width：**裙边结构线宽。
- **Support Line Width：**支撑结构线宽。
- **Support Roof Line Width：**支撑屋顶状结构线宽。

5.9.3　外壳

外壳分类参数指的是打印件外部相关部分的打印参数。通过设置模型外壳部分厚度以及结构方式调节模型的强度。具体参数如图 5-43 所示：

Wall Thickness：壁厚，指的是模型侧壁（*x/y* 轴方向上）的厚度。由于模型的侧壁是由单层或多层构成，通常按如下公式计算：壁厚=线宽×层数。例如设置线宽为 0.35mm 时，单层壁厚为 0.35mm，即线宽。如果壁厚为 1.05mm，则换算出侧壁有 3 层。Wall Line Count 指的是侧壁层数，当确定线宽与壁厚时，侧壁层数将自动生成。打印模型的时候侧壁层数通常设置为 2 至 3 层即可，层数越多打印件越结实，漏水的机会越低，但打印时间与耗材使用将相应地增加。

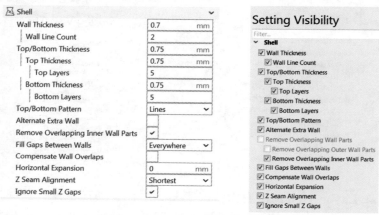

图 5-43　外壳相关的设置项

Top/Bottom Thickness：顶部/底部厚度。这有相应的计算公式：顶/底部厚度=层高度×层数（*z* 轴方向）。通常设置其厚度为层高度的 4 至 5 倍，以保证顶/底部的缝隙能全部闭合。厚度越高打印件就越结实，打印时间与耗材都会相应增加。当输入层高度以及 Top Thickness（顶部厚度）时，Top Layers（顶部层数）将自动生成，该设置方式与底部厚度设置方式相同。

Top/Bottom Pattern：顶部/底部图案。如图 5-44 所示，软件提供了三种打印图案可供选择：Concentric（同心），该图案自外向内按轮廓形状打印。Line（直线），在轮廓范围内以紧贴的对角直线打印。Zig Zag（折返线），在轮廓范围内以对角线方式打印，由于遇到轮廓时自动折返打印，因此图案只由一根线构成。这很像平时玩的"贪食蛇"游戏。

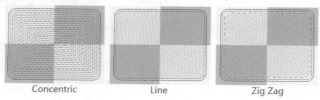

图 5-44　顶部/底部图案

Alternate Extra Wall：额外间隔侧壁。如 5-45 所示，由内壁延伸出来的额外间隔侧壁与填充互相咬合，提高了打印件的强度。

Remove overlapping inner wall parts：移除内壁的重叠部分。有时候打印件的侧壁局部特别薄，所以打印的时候会发生侧壁重叠的现象，这会导致打印件表面局部发生轻微的挤料现象。该选项的默认设置为启动，因此并非所有侧壁都能被打印出来。当禁用该选项时，所有侧壁（即便其厚度小于喷嘴直径的两倍时）都将被打印，也意味喷嘴在已打印侧壁上方移动两次。

图 5-45　额外间隔侧壁示意图（图片来源：Ultimaker 官网）

Fill Gaps Between Walls：填满侧壁间的间隙。这里的下拉菜单有三个设置选项：Everywhere（所有地方），填满所有间隙以获取坚实的打印件；Nowhere（所有地方都不），所有间隙将不被填充以避免表面挤出过量；Skin（表面），仅填满顶部或底部打印层的间隙，在避免打印件表面挤出过量的基础上使其更坚实。

Compensate Wall Overlaps：侧壁重叠补偿。该设置项可减少打印件薄壁处的挤出量，避免所有打印层发生挤出过量的状况。结合 Remove overlapping inner wall parts 使用效果更好。

Horizontal Expansion：水平方向缩放。由于塑料是有收缩率的，因此实际的打印件尺寸与模型文件有一定的偏差，不能满足高精度的打印要求。该功能可在 x、y 方向对打印件尺寸进行调整，正值为增加尺寸，负值为减少尺寸。

Z Seam Alignment：z 轴方向接缝对齐。该功能用于设置打印层的起点位置以调整打印件的接缝，下拉菜单有三个选项：Back（后面），下一层的起点在模型的后面，可在 Cura 中旋转模型来选择接缝的位置；Random（随机），下一层的起点通过软件随机设置，可避免接缝的生成，但打印时间相应增加；Shortest（最短），下一层起点直接在前一层的结束点，该设置的接缝最明显但打印时间最短。

Ignore Small Z Gaps：忽略 z 轴方向小间隙。该功能可修复模型 z 轴方向打印层之间的小间隙，默认为开启状态，借助填充将底部与顶部层间的小间隙熔融连接在一起。若关闭该功能，将不填充 z 轴方向的小间隙，底部与顶部将仅当作模型的一部分被打印出来。

5.9.4 填充

填充分类参数指的是打印件内部相关部分的打印参数。通过设置模型内部填充部分的结构与细节参数改善打印件的表面质量以及强度，如图 5-46 所示。

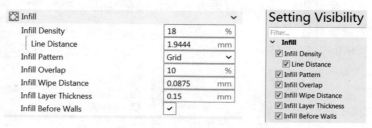

图 5-46 填充相关的设置项

Infill Density：填充密度。这是另一个经常用到的设置项，在空心至实心的范围内调整填充结构的密度，在满足打印件强度要求的前提下尽量减少材料的使用并缩短打印时间。通常 10% 至 20% 的填充密度可满足大多数打印件的使用要求。Line Distance（线距离）是衡量填充密度另外一个参数，指相邻两根填充线的距离。当填充线宽及填充密度确认后，将自动生成 Line Distance。

Infill Pattern：填充图案。相同的填充密度下，不同的填充图案其打印件表面质量以及强度各不相同。软件提供五种图案供选择，如图 5-47 所示。

● Concentric：同心结构。最显著的特点是打印件透光观察时看不见填充结构。

● Grid：网格结构。每一层都由互相垂直的双向对角线交叉而成。

● Lines：直线。每一层都由单向对角线并列而成。

● Triangles：三角结构。等边三角形结构可使打印件更轻更坚实。

● Zig Zag：折返线。每一层都由一条连贯的单向折返线构成。

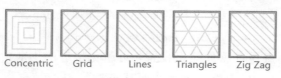

图 5-47 填充图案（图片来源：Ultimaker 官网）

Infill Overlap：填充重叠。该选项通过设置填充与侧壁的重叠量来调整打印件的强度。如图 5-48 所示，重叠量的比率越高打印件越结实，但打印件的外观质量（视觉效果）会相应降低。过高的填充重叠量会使打印件表面因挤出量过多而导致表面缺陷。

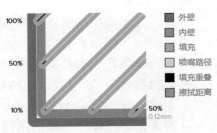

图 5-48　直观的填充重叠与擦拭距离（图片来源：Ultimaker 官网）

Infill Wipe Distance：填充擦拭距离。该设置使打印机在填充结构的打印尽头时，停止材料挤出继续移动一小段距离，然后继续打印侧壁。这段停止材料挤出的移动距离相当于喷嘴在已打印层上擦拭过一样。即便已停止材料的挤出，但在喷嘴内部的压力作用下仍然有少量的塑料会挤出来。因此合理的填充擦拭距离将尽量减少多余的挤出塑料对打印件外观的影响，如图 5-48 所示。

Infill layer thickness：填充层高。由于填充层的高度对打印件表面的质量影响不大，因此可以通过增加填充层高度来减少打印时间，而设置的填充层高度应为侧壁层高的整数倍。比如设置侧壁层高为 0.1mm，填充层高为 0.2mm 时，将先打印两层侧壁后再打印一层填充。

Infill Before Wall：先填充再打印侧壁。启用该功能将先打印填充层再打印侧壁层，其优点在于打印件的悬臂结构能附着在填充层上，能达到更好的打印效果。但缺点在于在打印侧壁的时候喷嘴经过已打印的填充部分有可能导致打印件表面不光滑。

5.9.5　材质

这一节讲解的是与材质相关的打印参数，通过设置回抽、温度等相关参数调整打印件表面的效果，如图 5-49 所示。

Printing Temperature：打印温度，即喷嘴的工作温度。通常 PLA 的打印温度约为 210℃，而 ABS 为 250～260℃。

Bed Temperature：热床温度。通常 PLA 的热床温度约为 60℃，而 ABS 约为 90℃。当设置为 0℃时不启用热床加热。

Diameter：塑料丝直径。Cura 默认的塑料丝直径为 2.85mm，这里要输入选用机型配套塑料丝的实际直径以确保软件能准确计算出挤出量。

Flow：挤出量。这是软件基于塑料丝直径和打印速度计算出来的单位时间塑料的挤出量。通常恒定使用系统默认的 100%，若使用弹性塑料丝，则可以适当增加流量。要注意的是增大流量百分率仅仅是偶尔使用的针对材料流动性能进行微调的一种手段，并不能用于解决材料挤出量过少的问题。

Enable Retraction：启用回抽。通常在打印两个不相连的部位时，在重力以及喷嘴内部压力的作用下，喷嘴在空载移动过程中会发生材料的溢出现象，俗称"拉丝"。启用回抽可使材料在喷嘴空载移动的过程中按设置值缩回，这能有效地减少拉丝的发生而提高打印件表面质量。但过于频繁的回抽容易导致挤出机构磨损耗材，从而降低了打印件表面的质量。

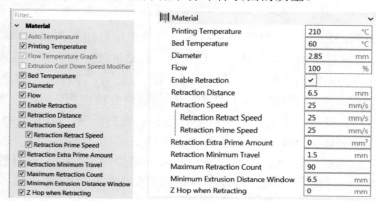

图 5-49　材质相关的设置项

Retraction Distance：回抽距离。这指的是喷嘴在回抽移动的过程中塑料丝缩回去的距离。尽管较大的回抽距离可减少喷头在移动过程中喷嘴的渗料现象，但过高的数值会影响到打印件的表面质量以及结实程度。这里建议设置的数值应尽量接近软件的预设值。

Retraction Speed：回抽速度，指的是塑料丝的回缩的速度。该功能还可独立设置回抽速度（Retraction Retract Speed）与挤出速度（Retraction Prime Speed）来精确控制塑料丝的回抽与挤出运动。

Retraction Extra Prime Amount：回抽后的额外挤出量。这指的是喷头在回抽并空载移动后重新挤出打印材料时额外增加的材料挤出量。特别是使用弹性塑料丝打印的时候，由于回抽后重新挤出会需要较大的压力，因此采用额外挤出量可解决此问题，并且避免了通过加大流量（Flow）而导致的溢料现象。

Retraction Minimum Travel：回抽最小行程。如图 5-50 所示，同一打印层可由单个或多个封闭区域组成，喷嘴在封闭区域之间移动的距离即为喷嘴的空载行程。如果封闭区域密集而且间距小，那么较低的参数设置值会使过多的回抽造成打印件容易出现孔洞，塑料丝也会由于挤出机过多的往复收卷而磨损。而较高的参数设置值容易造成打印件表面出现拉丝、垂料、斑点等缺陷。

Maximum Retraction Count：最大回抽次数。这是配合 Minimum Extrusion

Distance Windows 使用的一个功能，指单位挤出距离内最大的回抽次数，超过该数值的回抽将被忽略，如图 5-51 所示。该功能的好处是减少由于回抽导致的塑料丝磨损，但对于孔洞较多的打印件（比如网格镂空类花瓶），过低的回抽次数会导致孔洞出现拉丝或垂料的缺陷。

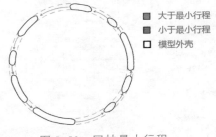

图 5-50　回抽最小行程
（图片来源：Ultimaker 官网）

图 5-51　最大回抽次数与最小挤出距离段
（图片来源：Ultimaker 官网）

Minimum Extrusion Distance Windows：最小挤出距离段，即 Maximum Retraction Count 功能开启时塑料丝挤出的最小距离。比如最大回抽次数设置为 10，最小挤出距离段设置为 5mm 时，塑料丝在每 5mm 的距离内最多只能回抽 10 次。

Z Hop when Retracting：回抽时 z 轴提升。回抽的时候打印平台会按设定的距离向下移动，这也可以看作是喷嘴向上提升，如图 5-52 所示。该功能使喷嘴在空载移动的时候离开打印件表面，避免喷嘴刮擦或者碰撞打印层表面，但会增加打印时间。

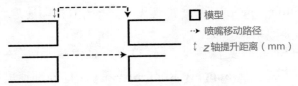

图 5-52　回抽时 z 轴提升（图片来源：Ultimaker 官网）

这里大家要注意一点，在不同的打印参数配置文件中，上述的设置项并非都能显示。比如 Ultimaker 系列，目前只有 Ultimaker Original 与 Ultimaker Original+两种配置文件可以设置 Printing Temperature、Bed Temperature、Diameter 与 Flow 四个参数，其余配置文件中这些选项将被屏蔽。

5.9.6　速度

这一节主要讲述与打印速度相关的设置项，不同的工作状态以及打印部位可设置相应的打印速度,如图 5-53 所示。

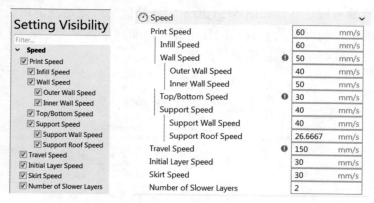

图 5-53　速度相关的设置项

Print Speed:打印速度,指喷头工作时的移动速度,以 mm/s 为单位。较低的速度可保证打印件的质量,而较高的速度虽然可缩短打印的时间,但过高的速度会造成打印质量的下降,而且打印过程中还需要调整温度等参数与其配合。不同的打印部位,应设置相应的打印速度。

- Infill Speed(填充速度):提高填充部分的打印速度对打印件外观影响不大,但过高的填充速度会降低打印件的强度。
- Wall Speed(侧壁速度):这里可以分别定制 Outer Wall Speed(外壁速度)与 Inner Wall Speed(内壁速度)。较低的外壁速度可得到更高的表面打印质量。
- Top/Bottom Speed(顶/底部速度):较低的打印速度可提高顶部封闭层与底部的结实程度。
- Support Speed(支撑速度):这里可分别定制 Support Wall Speed(支撑侧壁速度)与 Support Roof Speed(支撑顶部速度)。由于支撑对打印件的外观与结实程度关系不大,因此可提高其打印速度,从而缩短打印时间。

Travel Speed:空载速度,指喷嘴非打印状态下的移动速度。虽然较高的空载速度可大幅缩短打印时间,不过容易出现喷嘴与打印件相碰的问题,因此需要设置合适的 Z Hop when Retracting 与其配合。

Initial Layer Speed:初始层速度。较低的初始层速度可得到相对牢固的打印件首层。

Skirt Speed:裙边速度。通常裙边速度与初始层速度一致。

Number of Slower Layers:慢速层数。该设置定义了从底层(初始层)

速度到打印速度所需的层数，每一层的速度将线性递增。慢速层越多，打印件翘边的概率就越低，但打印时间将大幅增加。如图 5-54 所示，若设置慢速层数为 4，则从初始层打印速度开始，每一层的打印速度将线性增加，一直到第五层才进入到预设的打印速度。

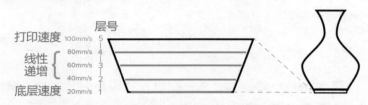

图 5-54　低速打印层与线性递增的打印速度（图片来源：Ultimaker 官网）

5.9.7　移动

这里的移动特指喷头在打印过程中的运动路径，下面将介绍喷头移动的一些定制选项，如图 5-55 所示。

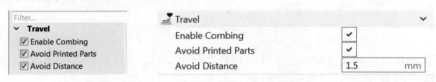

图 5-55　移动相关的设置项

Enable Combing： 开启梳理。梳理功能使打印喷头在打印件内部的某一点移动至另一点时，保持在打印件的内部。在这个过程中喷头只有移动而并没有启动回抽功能，虽然减少了因回抽引起的塑料丝损耗，但却相应增加了移动的距离。当关闭梳理时，打印喷头将以最短移动距离从打印件内部的某一点直线移动至另一点，而这个过程始终开启回抽功能。

Avoid Printed Parts： 避开已打印部分。打印喷头在直线移动的过程中，当遇到已打印部分的阻挡时，该功能可使打印喷头绕过已打印部分。虽然这加长了移动的距离并增加了打印的时间，但减少了垂料以及喷嘴碰到已打印部分的概率，因此提高了打印件的表面质量。

Avoid Distance： 避开距离。该参数定义了打印喷头在避开已打印部分时喷嘴与已打印部分的距离。距离越大，发生垂料以及喷嘴碰到已打印部分的机会就越少，但移动的距离以及打印时间会相应的增加。

各功能实现效果如图 5-56 所示。

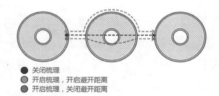

● 关闭梳理
● 开启梳理，开启避开距离
● 开启梳理，关闭避开距离

图 5-56　梳理与避开距离的组合应用（图片来源：Ultimaker 官网）

5.9.8　冷却

普通桌面级 FDM 打印机主要靠风扇进行打印件散热，这一节主要讲与散热相关的一些参数设置，如图 5-57 所示。

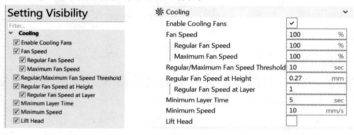

图 5-57　冷却相关的设置项

Enable Cooling Fans：启用冷却风扇。这是打印喷头冷却风扇的开关，可确保当前打印层得到良好的散热，以便冷却后在其上面再打印下一层。这对于层打印时间较短或者是悬臂类结构的打印件尤其有必要。

Fan Speed：风扇转速。冷却风扇的转速越高，打印层的冷却速度就越快，尽管可以减少拉丝垂料等缺陷，但加大了材料的收缩。这里可以设置两个参数：

- **Regular Fan Speed**（常规风扇转速）：指风扇转速达到转速切换临界值前的速度，当层打印时间快于临界值时，意味着风扇转速正线性地趋向于最大风扇转速。
- **Maximum Fan Speed**（最大风扇转速）：风扇处于最大转速时层打印所需的时间最短。当风扇转速超过转速切换临界值时，风扇将从常规转速线性逐渐增至最大转速。

Regular/Maximum Fan Speed Threshold：常规/最大风扇转速临界值。这是一个以秒为单位的时间值，用于切换常规风扇转速与最大风扇转速。当层打印时间少于该临界值时采用常规风扇转速，当层打印时间大于该临界值时将在常规速度的基础上逐步提升至最高转速。

Regular Fan Speed at Height：常规风扇转速高度。这个高度指的是启用常规风扇转速时打印层与打印平台的距离。在此之前的打印层，风扇转速将从零开始逐步升高至常规转速。较高的设置值可增加打印件与平台间的附着力，但会导致溢料的发生，影响打印件的表面质量，0.5mm 是比较理想的设置值。该参数设置项还有一个子选项 Regular Fan Speed at Layer（常规风扇转速层），通常由软件根据设置的层高度以及常规风扇转速高度自动计算出来。

Minimum Layer Time：最短层打印时间。当实际打印时间少于设置值时，启用该功能可自动降低打印速度以保证层的最短打印时间。这样在打印下一层之前，已打印层可得到足够的冷却时间。

Minimum Speed：最低打印速度。该设置值强制降低打印的速度以配合最短层打印时间，但过低的设置值会使打印件表面出现因喷嘴压力过低而导致的缺陷。

Lift Head：移开喷头。当设置了最低打印速度后仍不能达到最短层打印时间时，启用该功能可使打印喷头从打印件上移开。等达到最短层打印时间后，打印喷头将重新移回打印件上进行下一层的打印。这保证了打印层有充足的冷却时间，但实际使用过程中发现该功能容易导致垂料的发生。

5.9.9 支撑

在打印的过程中经常会用到支撑结构，下面将给大家讲解与支撑相关的打印参数设置，如图 5-58 所示。

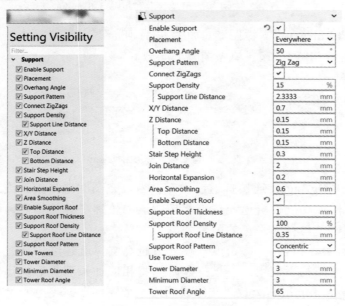

图 5-58　支撑相关的设置项

Enable Support：启用支撑。当打印件有向外突出悬在空中的结构时，需要在其下方添加支撑结构，以防止塑料的垂落。

Placement：支撑的方式，其定义了支撑所在的位置，分为 Everywhere（所有支撑）与 Touching Build Plate（平台接触的支撑），如图 5-59 所示。

图 5-59　支撑的方式

Overhang Angle：悬角，指悬空部位与打印平台的夹角。如图 5-60 所示，其左边为 50°悬角时的支撑结构，其右边为 70°悬角时的支撑结构。0°表示当前部位与平台垂直没有悬空；90°表示当前部位与平台平行。

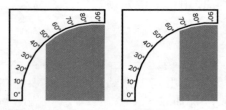

图 5-60　悬角与支撑的使用（图片来源：Ultimaker 官网）

Support Pattern：支撑图案。如图 5-61 所示，这些图案的特点与功能跟 5.9.4 节中的 Infill Pattern（填充图案）一致。

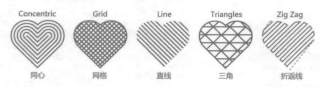

图 5-61　五种支撑图案（图片来源：Ultimaker 官网）

Connect ZigZags：连接折返线填充。当填充图案选择折返线时，该选项将出现。启用该功能，折返线终点将按图层的轮廓与外壁相连，从而增强了支撑的强度以及与打印平台的附着力。

Support Density：支撑密度。设置值越高支撑就越结实，尤其适合在跨度较大的悬空结构下使用，不过打印时间将相应加长而且拆除比较困难。其子选项 Support Line Distance（支撑线间距）是软件根据支撑密度自动计算出来的，可更直观地显示支撑结构的状态。

X/Y Distance：x 或 y 方向间距。该选项用于设置 x 或 y 方向上支撑与内壁之间的距离。较大的设置值可减少支撑与侧壁发生粘连的机会，但过大的设置值也会使个别过少的悬空结构得不到支撑，如图 5-62 x 或 y 方向间距所示。

Z Distance：z 方向间距。该功能用于设置 z 方向上支撑与内壁之间的距离，在 z 方向间距有两个设置参数：Top Distance（顶部间距）与 Bottom Distance（底部间距）。这两个设置项分别定义了支撑与顶部、支撑与底面的距离。设置较小的间距，可以使打印件表面更加光滑，但同时也会使支撑与打印件粘连的更紧密，增加了支撑拆除难度，如图 5-63 所示。

图 5-62　x 或 y 方向间距　　　　图 5-63　z 方向间距
（图片来源：Ultimaker 官网）　　　（图片来源：Ultimaker 官网）

Stair Step Height：支撑底面梯级高度。当选择所有支撑时，经常会碰到模型内部的支撑建立在曲面上。如图 5-64 所示，设置值越低阶梯就越密，可使支撑底部更光滑，并且与打印件表面紧密相贴，而较高的设置值可使支撑的拆除更容易。

图 5-64　支撑底面梯级高度（图片来源：Ultimaker 官网）

Join Distance：合并距离。通过设置合并距离，可使相邻的且距离小于该设置值的多个独立支撑结构合并成一个支撑结构，如图 5-65 所示。该功能可提高支撑结构的强度，特别对于比较薄的支撑结构可显著提高其强度及稳定性，但过于单一的支撑结构会加大支撑拆除的难度。

Horizontal Expansion：横向扩展。如图 5-66 所示，当支撑部分过于单薄时，启用该功能可通过扩展来提高支撑的强度。

Area Smooting：平滑区域。该功能通过精简喷头在 x/y 方向的移动路径，减少因短距离频繁移动引起的共振，使支撑结构的外表面变得更加平滑。尽管设置值越高支撑越平滑，但过高的设置值容易造成悬空部位支撑结构的缺失。

图 5-65　支撑的合并距离　　　　　　　　图 5-66　横向扩展

（图片来源：Ultimaker 官网）　　　　　　（图片来源：Ultimaker 官网）

Enable Support Roof： 启用屋顶型支撑结构。该功能在支撑与悬空结构底层之间，按悬空结构的形状增加一个封闭的打印层，这样可使悬空的部分得到更好的支撑。该功能激活后，还能定制如下参数：

- Support Roof Thickness（屋顶型支撑结构厚度）：合理的厚度可得到比较光滑的打印件表面，而过厚将会增加打印时间，还会增加支撑结构拆除的难度。
- Support Roof Density（屋顶型支撑结构密度）：密度越高屋顶型支撑结构就越光滑，但打印时间与支撑结构拆除的难度都会相应增加。当设定了 Support Roof Density 的数值时，其子选项 Support Roof Line Distance（屋顶型支撑结构线间距）的数值将由软件自动生成。
- Support Roof Pattern（屋顶型支撑结构图案）：这里有五种图案可供选择，跟之前讲述过的填充图案以及支撑图案一样。

Use Towers： 使用支撑塔。该功能将根据预设的最小直径，在支撑区域内小于该直径的悬空部位下方生成塔形的支撑结构，其余支撑部分将使用常规的支撑结构。如图 5-67 所示，启用该功能后还可定制如下参数：

- Tower Diameter（支撑塔直径）：较大的直径可增加支撑的强度。
- Minimum Diameter（悬空部分最小直径）：软件将根据该直径来确定支撑塔的位置。
- Tower Roof Angle（支撑塔顶角度）：该角度用于调整塔顶与悬垂部分的接触面积，塔顶越平支撑越牢固，塔顶越尖就越容易拆除。

图 5-67　支撑塔的使用（图片来源：Ultimaker 官网）

5.9.10　平台附着

　　这一节主要介绍平台附着相关的参数。根据打印件首层的结构特点，可以选用三种不同的结构，并通过定义其设置项来调整打印件与打印平台之间的附着力，以达到打印件牢固不翘边的目的。如图 5-68 所示。

图 5-68　平台附着相关的设置项

　　Type：类型。这里指平台附着的三种结构类型：Brim、Raft、Skirt。选择任意一种类型，都会相应地显示相关类型的参数设置项。

　　Brim：帽檐结构。该结构只有一个打印层，其层高与线宽与打印件首层保持一致。帽檐结构与打印件首层相连，并以其轮廓为基础向外作同心延伸。对于接触面积较小打印件或者是高收缩性打印材料，该功能通过加大模型与打印平台的接触面积，减少翘边等缺陷。如图 5-69 所示，可定制如下参数：

- **Brim Width**（帽檐宽度）：设置值越高，所增加的接触面积就越大。
- **Brim Line Count**（帽檐线数量）：当定义了帽檐宽度后，软件将根据前面预设的线宽值自动算出帽檐线的数量。

图 5-69 帽檐结构(图片来源:Ultimaker 官网)

Raft: 支撑筏。该结构位于打印件以及打印平台之间,其底部与打印平台紧密粘贴,而顶部则以屋顶型结构与打印件初始打印层相连。由于支撑筏可分为顶层、中层、底层三部分,因此可以看作是一种特殊的支撑形式,也可以看作是一个起连接作用的独立打印件。通常遇到打印件底部与打印平台接触面积过小,抑或是打印件底面不平整,这个时候适合选择支撑筏结构。支撑筏结构有众多的设置项可供调节,如图 5-70 所示。

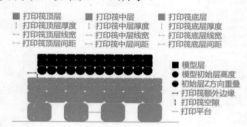

图 5-70 支撑筏结构与参数明细(图片来源:Ultimaker 官网)

- **Raft Extra Margin**(支撑筏额外边沿):该设置值指支撑筏比打印件大的单边距离,能起到一定的保护作用,并且放置打印件边缘翘起。
- **Raft Air-gap**(支撑筏空隙):这是定义打印件与支撑筏间隙的设置项,数值过大容易导致附着不牢,数值过小容易造成两者的黏结力过大,增加了拆除难度。
- **Initial Layer Z Overlap**(初始层 z 方向重叠):该功能将打印件初始层压向支撑筏,以取得较好的附着力。
- **Raft Top**(支撑筏顶层)相关的设置项:Raft Top Layers 用于设置顶层部分的打印层数;Raft Top Layer Thickness 定义了顶层部分的打印层厚度;Raft Top Line Width 指定了顶层部分的打印线宽;Raft Top Spacing 用于调节顶层部分的线间距。
- **Raft Middle**(支撑筏中层)相关的设置项:Raft Middle Thickness 定义了中层部分的打印层厚度;Raft Middle Line Width 指定了中层部分的打印线宽;Raft Middle Spacing 用于调节中层部分的线间距。

- Raft Base（支撑筏底层）相关的设置项：Raft Base Thickness 定义了底层部分的打印层厚度；Raft Base Line Width 指定了底层部分的打印线宽。
- Raft Line Spacing（支撑筏线间距）：用于调节支撑筏底层部分的线间距。
- Raft Print Speed（支撑筏打印速度）：该功能可独立设置如下三个不同位置的打印速度：Raft Print Surface Speed（支撑筏顶层表面的打印速度）、Raft Print Interface Speed（支撑筏内部结构打印速度）、Raft Print Base Speed（支撑筏底部基准面打印速度）。
- Raft Fan Speed（支撑筏风扇转速）：该功能用于调整支撑筏的冷却速度，可按转速百分比的方式独立设置如下三个不同位置的冷却速度：Raft Print Surface Speed（支撑筏顶层表面的冷却速度）、Raft Print Interface Speed（支撑筏内部结构冷却速度）、Raft Print Base Speed（支撑筏底部基准面冷却速度）。

Skirt：裙边结构。如图 5-71 所示，该结构与前面说的帽檐结构很相似，而最大的区别就是帽檐结构与打印件相连，而裙边结构是远离打印件的。裙边结构的作用是通过打印模型外围的同心轮廓，使喷嘴的挤出量稳定之后再进行模型的打印以避免因为开始的挤出不稳定而导致模型初始层质量降低。裙边结构可定义如下三个参数：

- Skirt Line Count（裙边线数量）：该选项用于定义初始层外面同心层的数量，当设置为 0 时，裙边功能将关闭。
- Skirt Distance（裙边距离）：该选项定义了裙边结构与初始层的最小距离。
- Skirt Minimum Length（裙边线最小长度）：当裙边线的数量设定后，如果裙边线的长度仍达不到设置的最小长度，软件将自动增加裙边线的数量以达到裙边线的最小长度。

图 5-71 裙边结构（图片来源：Ultimaker 官网）

5.9.11 模型修复

对于问题模型的修复，除了第 4 章介绍的模型修复软件之外，Cura 还提供了几个简单易用的修复功能，如图 5-72 所示。

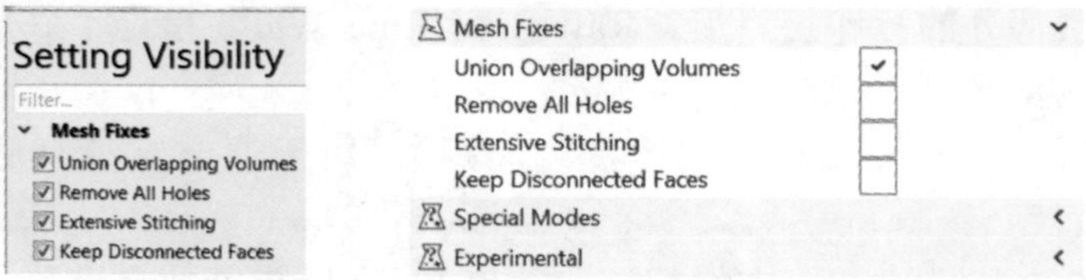

图 5-72　模型修复相关的设置项

Union Overlapping Volumes：合并重叠体积块。该功能将相交的两个模型相交的部分去掉并合并成一个整体。如图 5-73 所示，在 X 光查看模式下可观察到两个立方体重叠的部分。通过图层查看模式，可清楚地看到当启用合并重叠体积块功能时，两个立方体合并为一个整体。

图 5-73　合并重叠体积块（图片来源：Ultimaker 官网）

Remove All Holes：移除所有孔。该功能通过移除模型内部不必要的孔，以保证模型内部能被正确地切片打印。如图 5-74 所示，通过 X 光查看模式观察到立方体内部有一个方孔，在图层查看模式下可以看到当开启移除所有孔功能时，软件将自动填充内部的孔并打印出来。

图 5-74　移除所有孔（图片来源：Ultimaker 官网）

Extensive Stitching：模型表面缝合。建模的质量以及不同软件之间的模型文件输出与导入，经常会造成模型表面发生破损，从而导致切片的失败。开启模型表面缝合功能可修复模型表面的孔洞，使模型能够被正确切片与打印。

Keep Disconnected Faces：缺口封闭面。当模型局部出现几何结构缺失时，Cura 根本无法重新构建出缺失部分的几何形状，从而无法对模型进行切片。启用缺口封闭面功能，Cura 将以面的形式封闭缺口的边缘，使模型能被正确切片。

如图 5-75 所示，立方体因缺掉了其中一个角而不能被切片，当开启缺口封闭面功能，立方体将被修补至可被切片的状态，但是并不能恢复成完整的立方体。

实体查看　　　　X光查看　　　关闭缺口封闭面　　开启缺口封闭面

图 5-75　缺口封闭面（图片来源：Ultimaker 官网）

5.9.12　特殊模式

在 Cura 中除了前面介绍的一些常规的设置选项之外，还有一些针对特殊打印要求的打印设置功能，如图 5-76 所示。

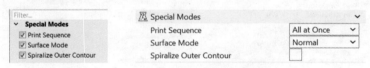

图 5-76　特殊模式相关的设置项

Print Sequence：打印序列。当执行同一个打印任务时，若打印平台上的模型多于一个，可为其设置打印的序列。

- All at Once（全部一次打印）：该选项将同时打印所有的模型，即所有模型同一高度的打印层全部打完以后再进行下一层的打印。
- One at a Time（每次一个）：该选项将一个模型完全打印完毕之后再继续打印下一个模型。这里要注意两点：一个是任意两个模型 x 与 y 方向的间距必须大于喷头组件的尺寸，以防止喷头与打印件相碰。另外一个是模型的总高度必须低于 x 轴以及 y 轴导轨构件离打印平台的最小距离，即当喷嘴在打印模型初始层时，x、y 导轨构件与打印平台的距离。

Surface mode：表面模式。该功能用于打印模型的表面而排除实体部分，主要有如下三种模式：

- Both（兼备模式）：该模式下模型封闭体积块部分将被正常打印出来，非封闭部分将以侧壁的形式打印出来。
- Normal（正常模式）：该模式下模型将被完整打印出来。
- Surface（表面模式）：该模式仅把模型的侧壁打印出来，其底部、顶部以及内部将全部被忽略。

Spiralize Outer Contour：螺旋化外轮廓。该功能使模型的外轮廓更平滑，自下而上地将模型的侧壁打印出来，整个过程可看作是喷头的螺旋运动。启用该功能可将实体模型打印成具有实心底部的单层侧壁打印件，这是打印花瓶类模型的最佳选择。

5.9.13 试验功能

在 Cura 2.1 里除了可以定制基本功能与特殊模式外，该系列软件还实验性地提供了几种试验功能，如图 5-77 所示。

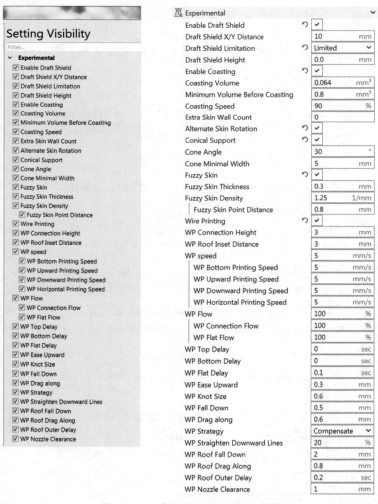

图 5-77 试验功能相关的设置项

Enable Draft Shield：启用防风罩。该功能在打印件的外面增加一个侧壁，用于阻隔环境气流对打印件的影响，起到一定的防风与保温作用，这对打印ABS 等容易翘边与开裂的模型尤其适用。如图 5-78 所示，该功能可定制如下设置项：

- Draft Shield X/Y Distance（防风罩 *x/y* 方向间距）：定制防风罩与模型间的距离。
- Draft Shield Limitation（定制防风罩）：该功能有两个选项，Full 代表全高度防风罩，其高度与模型一致；Limited 代表定制高度防风罩，其高度可按需定制。
- Draft Shield Height（防风罩高度）：当启用 Limited 功能时，该功能用于其高度的定制。

图 5-78　防风罩的设置（图片来源：Ultimaker 官网）

Enable Coastin：启用滑行功能。在打印模型的路径到最后一段时，通过启用滑行功能代替常规的挤出运动。由于滑动的过程中暂停了挤出机的工作，因此喷头内的压力降低，减少了挤出量过多引起的模型表面缺陷，如图 5-79 所示。

图 5-79　启用滑行功能（图片来源：Ultimaker 官网）

- Coasting Volume（滑行体积）：喷嘴宽度×层高度×滑行长度=滑行体积，该功能用于控制滑行时材料的流量。
- Minimum Volume Before Coasting（滑行前最小体积）：用于定义滑行的起点。
- Coasting Speed（滑行速度）：由于喷嘴内部压力降低，因此该速度通常比正常速度略低。

Extra Skin Wall Count：额外皮肤壁数量。该功能用多个同心线来代替顶部或底部图案的最外层，还可借助一条或两条线来改善填充屋顶结构的质量。

Alternate Skin Rotation：交替皮肤旋转。通常打印件顶层或底层都是对角方向打印，而该功能可设定其方向仅限于 x 或 y 方向。

Conical Support：锥形支撑。该功能将使用漏斗状的支撑结构代替常规支撑结构，可减少 50% 的支撑耗材，而且仍适用于悬臂结构，如图 5-80 所示。

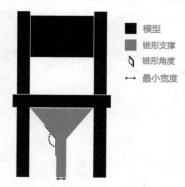

图 5-80　锥形支撑（图片来源：Ultimaker 官网）

- Cone Angle（锥形角度）：通过调整该角度来控制支撑与零件的接触部分面积，角度越小，接触部分的面积就越大。
- Cone Minimal Width（锥形支撑最小宽度）：该功能用于设定锥形尺寸与打印平台的接触面积。设置值过小容易导致支撑不稳定。

Fuzzy Skin：模糊皮肤。该功能在外表面打印的过程中增加了喷嘴的抖动，从而使打印件表面有绒毛纹理效果或者流苏的效果。

- Fuzzy Skin Thickness（模糊皮肤厚度）：该参数定义了喷嘴抖动的最大距离。如图 5-81 所示，借助 Repetier-Host 切片软件可以实体模式更直观地看到不同模糊皮肤厚度的效果。

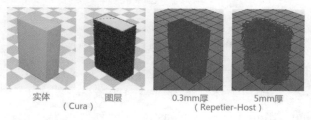

图 5-81　模糊皮肤

- Fuzzy Skin Density（模糊皮肤密度）：该参数定义了每毫米喷嘴抖动的数量，也可以通过调整 Fuzzy Skin Piont Distance（模糊皮肤点间距）来设置。

Wire Printing：线框打印（WP）。该功能将模型外壳以线与网的形式打印成线框结构，内部无任何填充。由于该功能在 Cura 的三种查看模式均不能显示出实际效果，因此需要借助其他软件（如 Repetier-Host）进行观察，如图 5-82 所示，设置好众多的 WP 选项并导出 Gcode 文件，然后将其导入 Repetier-Host 进行观察。

 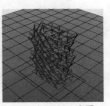

Cura 查看　　　　　　Repetier-Host 查看

图 5-82　线框打印

- WP Connection Height（WP 连接高度）：该参数指的是两个水平结构间向上以及对角向下结构线的距离，定义了该网状结构的整体密度。

- WP Roof Insert Distance（屋顶结构插入距离）：定义了结构线与屋顶结构外轮廓线内部的距离。

- WP speed（WP 打印速度）：这是 WP 模式下打印速度的相关设置项，包括 WP Bottom Printing Speed（WP 底部打印速度）、WP Upward Printing Speed（WP 向上结构线打印速度）、WP Downward Printing Speed（WP 向下结构线打印速度）、WP Horizontal Printing Speed（WP 水平部分打印速度）四个选项。

- WP Flow（WP 挤出量）：该功能可独立设置 WP Connection Flow（WP 连接部分挤出量）与 WP Flat Flow（WP 平整部分挤出量）。

- WP Top Delay（WP 顶部延时）：每段向上结构线打印完毕的喷头止动时间，这可以使该段向上结构线变得更坚实。

- WP Bottom Delay（WP 底部延时）：每段向下结构线打印完毕的喷头止动时间，这可以使该段向下结构线变得更坚实。

- WP Flat Delay（WP 平整部分延时）：该功能定义了两个平整部分之间的喷头止动时间。这可使后一层与前一层连接节点黏合得更牢固，但过长的延时容易导致已打印部分的下沉。

- WP Ease Upward（WP 缓慢向上）：在该段距离里，挤出速度将减半，这可使当前打印部分与前一层黏合得更牢固。

- WP Knot Size（WP 节点尺寸）：在向上结构线的末端增加节点，可使水平部分与向上结构线黏合得更好。

- WP Fall Down（WP 垂料距离）：向上打印完毕后允许喷头的垂料长

度，起到补偿的作用。

- WP Drag Along（WP 缓慢移动距离）：对角向下挤出后，向上缓慢挤出时的移动距离，起到补偿的作用。
- WP Strategy（WP 策略）：该打印策略用以确保两个连续的层能在节点处黏合得更牢固。这里又分为如下三种打印策略：

Compensate（补偿）：在向上结构线顶部补偿其下沉量。

Knot（节点）：在向上结构线的末端增加节点，可增加其连接的概率并降低结构线的温度，但与此同时打印速度要相应降低。

Retract（回抽）：回抽可使向上结构线更坚硬而且位置更准确，但会造成塑料丝的磨损。

- WP Straighten Downward Lines（WP 整理向下结构线）：该功能用于调整水平线结构下方的下拉对角线百分率，可预防向上结构线的下沉。
- WP Roof Fall Down（WP 屋顶下沉距离）：该功能补偿了水平屋顶结构线悬空打印时的下沉距离。
- WP Roof Drag Along（WP 屋顶缓慢移动）：该功能用于补偿屋顶结构外轮廓线打印完毕后向内部结构线缓慢移动的距离。
- WP Roof Outer Delay（WP 屋顶外部延时）：该延时用于打印当前层构建屋顶结构的孔的外周长，较长的延时可得到更好的连接效果。
- WP Nozzle Clearance（WP 喷嘴间隙）：该功能定义了喷嘴到对角向下结构线黏结的水平层的距离。降低的喷嘴间隙可降低对角向下结构线的陡峭角度，并以较短的向上结构线连接下一打印层。

5.10 扩展菜单

菜单栏的第六项是 Extensions（扩展菜单），其下拉菜单里有五个扩展功能子菜单。鼠标移动至任意一个扩展功能将自动弹出该功能的右拉菜单及其相关的选项，单击即可进入。不过这里要注意一点，单击选项的时候经常会发生单击完毕软件没反应。这是因为鼠标移至选项上时，选项并没有自动进入选中状态，此时只需按动键盘上的右方向箭头按键，待选项被选中后再单击鼠标即可。

5.10.1 版本历史

Changelog 是版本历史菜单，单击 Show Changelog（显示版本历史）即弹出版本历史对话框。在对话框里可以查看到当前版本及其相邻版本的一些更新信息，比如新增的功能以及修复的问题等。

5.10.2 Doodle3D

荷兰的 Doodle3D 科技公司推出了同名的 3D 打印建模软件 Doodle3D 以及配套的无线控制装置 Doodle3D WiFi-Box。Doodle3D 是一款变 2D 为 3D 的建模软件，首先将手绘的 2D 图以扫描或拍摄的方式输入到安装好 Doodle3D 软件的台式机或平板电脑，当然，也可以直接使用软件绘制 2D 图。然后利用软件的拉伸、旋转、扭曲等功能将 2D 图转化为 3D 模型，最后通过 Doodle3D WiFi-Box 与兼容的 3D 打印机进行连接，并将模型实时打印出来。

单击 Doodle3D 菜单下的 Enable Scan devices...（搜索设备）选项，可将当前兼容的 3D 打印机连接到 Doodle3D 设备上。

5.10.3 后处理插件

在输出 Gcode 文件之前，还可以选用合适的后处理插件来设定打印过程中任意高度的暂停或者调整打印参数。如图 5-83 所示，单击 Post Processing（后处理）中的 Modify G-Code（修改 Gcode 代码）即可进入该对话框。

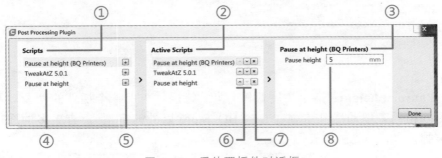

图 5-83　后处理插件对话框

① ▶ 脚本栏。这里显示的是后处理插件列表。

② ▶ 活动脚本栏。添加的后处理插件将按顺序排列在这里。

③ ▶ 参数设置区。选中任意激活的后处理插件将在这里显示其相关的设置选项。

④ ▶ 后处理插件。当前版本软件有三种后处理插件可供选择。

⑤ ▶ 添加符号。单击该按钮，当前的后处理插件将被激活并在右方的活动脚本栏中显示，每种后处理插件均可多次添加。

⑥ ▶ 排序按钮。单击上/下箭头按钮可调整活动后处理插件的启动顺序。

⑦ ▶ 删除按钮。单击该按钮将删除当前的活动后处理插件。

⑧ ▶ 选项及设置值。显示当前选中的活动后处理插件的相关设置选项与设置值。

后处理插件对话框的基本操作流程是：首先在脚本栏选择需要的后处理插件并单击其右方的"+"号添加至活动脚本栏。然后在活动脚本栏里按动排序按钮上下调整活动后处理插件的启动顺序，多余的插件单击"×"号删除，如需重复使用插件可回到脚本栏继续添加。最后在参数设置区里设置选中的活动插件的相关参数值。设置完毕后单击对话框右下角的"Done"按钮即可保存并返回软件。

Pause at height（BQ Printers）：指定高度暂停打印（BQ 打印机）。该功能可使工作中的 3D 打印机在指定的高度暂停打印，常用于材料的更换以及打印件内部添加镶嵌件（如螺母）。而且该功能项主要适用于 BQ Store 销售的 3D 打印机，如图 5-84 所示。

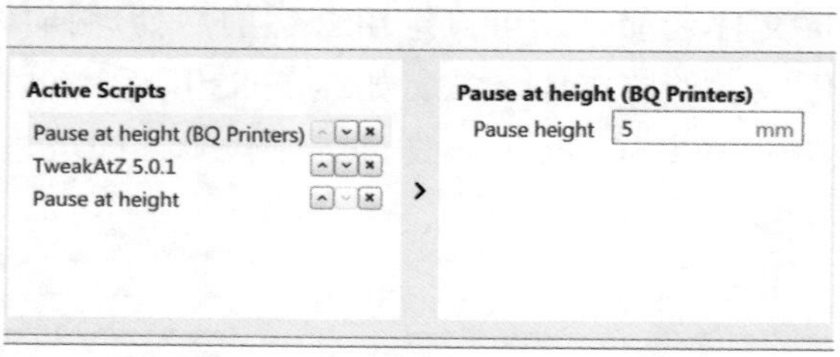

图 5-84　Pause at height（BQ Printers）

Pause at height：指定高度暂停打印。该插件与上一个插件的功能以及使用范围相同，但通用性更强（兼容 BQ Store 以外的机型），有更多的选项可供定制，如图 5-85 所示。

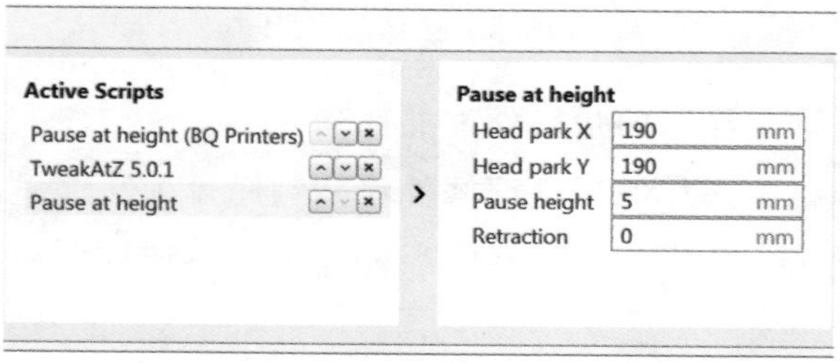

图 5-85　Pause at height

● Head park X（喷头在 x 方向的停留位置）：该功能指定了暂停打印时喷头移动至 x 方向的位置。

- Head park Y（喷头在 y 方向的停留位置）：该功能指定了暂停打印时喷头移动至 y 方向的位置。与 Head park x 配套使用，可使喷头在暂停打印时移离打印件并停靠在指定的位置。这样做可避免因停留在打印件上引起的塑料过热熔化等问题。
- Pause height（暂停高度）：指暂停打印时喷嘴与打印平台的距离。
- Retraction（回抽）：启用回抽可减少暂停打印时喷嘴因内部压力引起的垂料问题。

Tweak At Z 5.0.1：指定高度调整打印参数。该功能可在指定的高度重新设置速度、温度、挤出率等打印参数，特别适用于纵向结构变化较大的模型。具体参数设置项如图 5-86 所示。

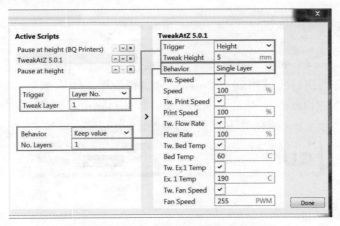

图 5-86　Tweak At Z 5.0.1

- Trigger（触发模式）：这定义了参数调整的触发条件，有如下两种模式。

Height（高度）：该模式以指定的高度为触发模式。当选择该模式时，其下方会出现 Tweak Height（调整高度）设置项。

Layer No.（层号）：该模式以指定的打印层为触发模式。当选择该模式时，其下方会出现 Tweak Layer（调整层）设置项。

- Behavior（执行模式）：该功能用于指定执行调整参数的打印层，分为如下两种模式。

Single Layer（单层）：仅将调整参数用于触发模式指定的打印层。

Keep value（持续执行）：该模式可将调整参数用于若干层。执行该模式时其下方会出现 No. Layers（层数量）选项用于指定执行层的数量。

- Tw. Speed（调整全局速度）：该功能用于同时调整打印速度以及空载移动速度。勾选后对应 Speed（速度）设置项。

- Tw. Print Speed（调整打印速度）：该功能仅用于调整打印速度。勾选后对应 Print Speed（打印速度）设置项。
- Tw. Flow Rate（调整挤出率）：该功能用于调整材料的挤出率。勾选后对应 Flow Rate（挤出率）设置项。
- Tw. Bed Temp（调整热床温度）：该功能用于调整热床的温度。勾选后对应 Bed Temp（热床温度）设置项。
- Tw. Ex.1 Temp（调整喷头 1 温度）：该功能用于调整喷头 1（单喷头 3D 打印机）的温度。勾选后对应 Ex.1 Temp（喷头 1 温度）设置项。
- Tw. Fan Speed（调整风扇速度）：该功能通过调整风扇的转速来控制冷却的效果。勾选后对应 Fan Speed（风扇速度）设置项。

5.10.4 软件更新工具

单击 Update Checker（更新查看器）中的 Check for Updates（检查更新）选项，软件将自动在后台链接到 Ultimaker 官网查找更新版本信息。如有更新软件将在视图区下方自动弹出对话框提示下载，单击 Download 按钮将自动打开默认浏览器并跳转至 Cura 的软件下载页面，如图 5-87 所示。

图 5-87　检查更新

5.10.5 固件升级

单击 Firmware（固件）中的 Update Firmware（更新固件）选项，即启动打印机的固件升级功能。固件升级功能支持 Ultimaker 系列打印机的固件更新，需要用 USB 数据线连接计算机与 3D 打印机。若连接断开，软件将在视图区下方自动弹出提示信息，如图 5-88 所示。

图 5-88　固件升级信息

5.11 设置菜单

菜单栏的第七项是 Settings（设置）菜单，单击下拉菜单中的 Preferences…

（参数选择）选项，即弹出参数设置对话框。对话框的左方是参数分类列表，包含了常规、视图、设置、打印机、配置文件、插件共六大分类；而右方是当前所选参数类别的详细参数设置选项。

5.11.1　常　规

如图 5-89 所示，有如下四个设置项可供选择：

①　▶ **Language**（语言）：Cura 一共提供了七种界面语言可供选择，默认为 English。更改语言并保存后，需要重新启动 Cura 才能进入新的语言界面。

②　▶ **Ensure objects are kept apart**（确保模型独立分离）：当勾选该选项时，打印平台上的多个模型（如绿框内左图所示）独立分离不相交，否则可相交，如右图所示。

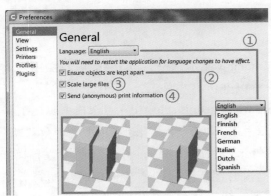

图 5-89　常规参数设置

③　▶ **Scale large files**（按比例调整大模型）：当导入的模型大于打印机可打印的最大体积时，若勾选该功能，软件将自动将过大的模型按比例缩放至可打印体积。

④　▶ **Send (anonymous) print information**（匿名发送打印信息）：勾选该功能后，Cura 将以匿名的方式将打印数据发送回 Ultimaker 公司，但这些打印数据并不包括模型、IP 地址以及个人识别信息。

5.11.2　视　图

如图 5-90 所示，关于视图一共有如下三个设置项可供选择：

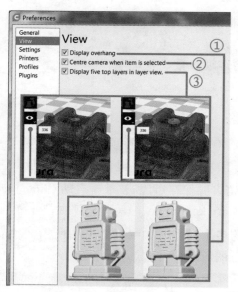

图 5-90　视图参数设置

① ▶ **Display overhang**（显示悬空）：如绿框内左图所示，勾选该选项时模型悬空部分将以红色高亮显示。

② ▶ **Centre camera when item is selected**（点选模型时镜头移至中心）：该功能勾选后，当单击模型时软件将自动把模型的视角移动至视图区正中。

③ ▶ **Display five top layers in layer view**（图层查看模式下显示最顶的五层）：如蓝框内右图所示，勾选该选项时视图查看模式下，模型最顶五层将由原来的线框显示变成随形的高亮彩色平面显示。

5.11.3　设置可见性

这里列出了十三类设置参数的所有设置项，已勾选的设置项将在高级打印模式中的打印参数设置面板中显示。所有设置项的功能与用法详见本书 5.9 节。

5.11.4　打印机定制

该分类设置项的功能与用法详见本书 5.7 节。

5.11.5　打印参数定制

该分类设置项的功能与用法详见本书 5.8.3 节。

5.11.6　插件程序

如图 5-91 所示，插件列表里按名称排列出 Cura 的所有插件，然而单击插件前方的勾选框并不能添加或删除插件。在插件的最右方有个按钮，单击将弹出插件的信息对话框，里面将显示插件的名称、功能、作者以及版本信息。

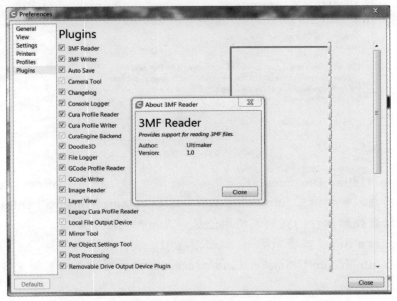

图 5-91　插件程序

最后注意 Preferences（参数选择）对话框的左下角有个 Defaults 按钮，该按钮用于恢复设置菜单的默认参数值，而且该按钮仅适用于 General（常规）与 View（视图）两个分类。

5.12　帮助

菜单栏的最后一项是 Help（帮助）菜单，其下拉菜单有四个选项，如图 5-92 所示。

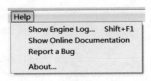

图 5-92　帮助菜单

Show Engine Log…（显示引擎日志）：单击该选项或者按快捷键"Shift+F1"，软件将弹出引擎日志对话框，里面列出了切片引擎的详细信息，如图 5-93 所示。

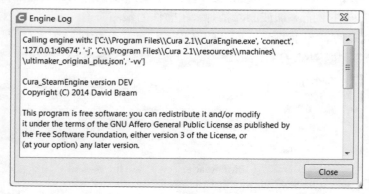

图 5-93　引擎日志

Show Online Documentation（显示在线文档）：单击该选项，软件将启动浏览器并跳转至网页 http://ultimaker.com/en/resources/manuals/software。在这里可以查找到软件的安装、使用信息以及常见问题的解答。

Report a Bug（报告故障）：单击该选项，软件将启动浏览器并跳转至网页 https://github.com/Ultimaker/Cura/issues。登录后可在该网页提交软件使用的故障报告。

About…（关于）：单击该选项将弹出软件的信息，如图 5-94 所示。

图 5-94　软件信息

第 6 章

Cura 打印实例

"纸上得来终觉浅，绝知此事要躬行。" 3D 打印机已调试好，Cura 也基本学习完毕，接下来将进入期待已久的打印实战环节。本章首先讲解 3D 打印参数设置的基本思考方式，然后结合实例，深入浅出地讲解多种常见模型结构的分析与打印的基本方法。

6.1 打印参数设置的思维方式与基本流程

3D 打印是近年来很热门的一个领域：凭经验对 3D 模型进行分析，使用切片软件根据分析的结果进行参数设置并生成打印程序，最终通过 3D 打印机执行打印程序将模型打印出来。尽管 3D 打印的入门比较简单，但要想打印出高质量的成品，科学的思维方式与合理的操作流程是必不可少的。

6.1.1 建模与 3D 打印的基本思维方式——几何解构

第一次根据实物进行建模的时候，经常会碰到一个问题，明明书本上的复杂实例已经画得很熟练了，但面对比较简单的实物进行建模时却束手无策。正如我们前面已经详细学习过了 Cura 软件，但面对一个新的模型时，却不知道如何才能设置出合理的打印参数。这是因为我们缺少了一种对实物或模型的思维方式。

要想根据实物进行建模，或者根据模型来设置打印参数，首先得对实物或模型进行分析。这个对实物或模型进行几何上的结构分解与分析的思维过程一般称为几何解构。每一个物体都是由无数的点构成，遵循着点动成线，线动成面，面动成体的基本几何原理。实物建模是指对实物的几何特征进行测量，并根据测量的数据在计算机上构建数字化三维模型。实物建模从几何形状上可划分为基本造型建模与曲面造型建模两种。

如图 6-1 所示，我们把杯子拆解为杯身和把手两部分。杯身的几何构造相对简单，可看作是由一条母线绕中心轴旋转而成，加厚生成的曲面即可得到杯身的实体，这就属于基本造型建模。把手的外形与基本的几何体形状相差较大，不能以常规的旋转、拉伸等方式建模。这时需要测量出把手的轮廓曲线以及多个部位的剖面曲线来构成一个线框结构，然后以曲面封闭线框，最后将封闭的曲面填充成实心的模型，这就属于曲面造型建模。对于建模过程中涉及的曲面线分析，点线面体的数据测量与优化，以及建模过程中的各种技法，这里不做深入探讨。

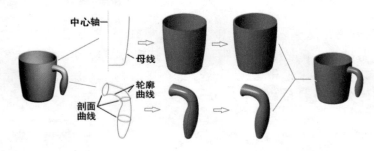

图 6-1　杯子的实物建模流程

相对于建模来说，基于 3D 打印的几何解构就简单很多。根据模型的几何特点（比如大平面、悬空、镂空等），打印机以及打印耗材的性能参数，并结合平常积累的打印经验，即可编制出比较合理的打印方案。

6.1.2　模型分析要点与打印参数设置流程

当打开模型后，首先要做的是对模型进行分析来评估打印的可行性以及难度。如图 6-2 所示，第一步要选定模型的放置平面，根据机器的最大成型体积以及使用要求放置好模型；第二步根据需要设置打印质量（即调整层高），分析模型的受力情况以及薄弱的地方来评估填充与外壳的参数设置；第三步是分析模型的基本外形以及悬空、镂空等结构特点，以此判断是否需要支撑或平台附着设置。

图 6-2　模型分析要点

目前，Cura 2.1.3 可设置的打印参数有 200 个左右，然而这并非意味着参数设置是个很复杂的过程，因为 Cura 为所有的参数都提供了默认值以及计算值，在实际使用当中只需抓住重点参数进行设置即可，详见表 6-1。

表 6-1　重点参数设置流程

参 数 分 类	重要参数设置项
Machine	1. Nozzle Diameter：当前打印喷嘴的直径
Quality	2. Layer Height：层高，设置打印件表面的光洁程度 3. Initial Layer Height：首层厚度通常选用默认值即可
Shell	4. Wall Thickness：根据实际使用要求设置壁厚 5. Top/Bottom Thickness：通常顶部与底部厚度与壁厚一致
Infill	6. Infill Density：设置填充的比例，默认为 20% 7. Infill Pattern：按实际需要设置填充式样，默认为 Grid
Material	8. Printing Temperature：按耗材的种类与性能设置打印温度 9. Bed Temperature：设置热床温度，没有热床的机型设置为 0℃ 10. Diameter：根据当前机型耗材规格设置 11. Z Hop when Retraction：打印镂空或易翘起结构时选用
Speed	12. 这里的参数可选默认值，实际打印时可用面板上的旋钮调节
Travel	13. 这里的参数可选默认值
Cooling	14. 这里的参数可选默认值
Support	15. Enable Support：支撑默认是关闭的，根据打印结构选择 16. Placement：按需选择，支撑越多耗时越长，拆除难度越大 17. Support Pattern：根据模型特点确定支撑的式样 18. Support Density：密度越高支撑越好，但拆除就越困难 19. Enable Support Roof：被支撑表面要求较高时开启该选项
Platform Adhesion	20. Type：根据模型附着面结构以及打印机附着表面的情况选择 　　Brim、Raft 或 Skirt。注意：该版本有 bug（软件缺陷），Raft 不能显示出来
Mesh Fixes	21. 这里的参数可选默认值
Special Modes	22. Print Sequence：如选用 One at a Time 要注意喷头与模型碰撞 23. Surface Mode：这个就是花瓶打印选项，默认设置为 Normal
Experimental	24. 这里集合了多个试验性的功能，仅作为试验性使用

设置好上述的重点参数，整个流程就基本完成了，但要想追求更高的打印质量，还需要对其他参数反复进行微调。

在接下来的几个小节里，将以实例的方式针对不同模型结构深入讲解打印的技巧。尽管 3D 打印入门简单，但要想更快更好地掌握 3D 打印技术，建议大家使用如下的方法：

① ▶ 用计算机记录下当前工作环境的温度、3D 打印机的工作状况，有条件的把湿度也记录下来。

② ▶ 用相同的方法记录下软件设置中改变的参数。

③ ▶ 模型打印完毕后拍照记录下模型的细节，尤其是一些不足或缺陷的地方。

④ 打印之路并非一帆风顺，很多时候会遇到打印失败的情况，因此建议大家每次打印完毕后都写一个打印小结，通过参数与实物的对比分析找出造成打印件缺陷的原因，并写下本次打印的心得。

⑤ 打印参数都是互相关联、彼此影响的，所以相同的模型，可以举一反三，多尝试一些打印参数的组合，根据自己机器的性能以及材料的特点总结出一个相对合理的打印方案。

6.2 ┃ 3D 打印超简单——UltimakerRobot

在 Cura 的安装目录里内置了几个简单的模型，这一节将以这些模型为例为大家讲述简单打印模式。

6.2.1 ┃ 简单打印模式应用

UltimakerRobot—— 首先要打印的模型是 UltimakerRobot，该模型在如下默认路径：C:\Program Files\Cura 2.1\resources\meshes\UltimakerRobot_support.stl。虽然 UltimakerRobot 是 Cura 官方设计的一个小机器人模型，但上面整合了众多的打印结构，很有代表性，如图 6-3 所示。

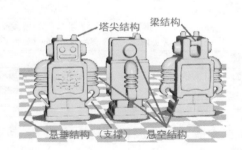

图 6-3　几何解构 UltimakerRobot

打开软件导入模型，这里选用系统默认的打印参数，具体设置如下：Printer 选 Ultimaker Original+，由于该配置文件具有最多的可定制选项，因此如无特殊说明，本书将以此为默认打印机。Material 选 PLA，该材料健康无毒，环保性能良好，本书如无特殊说明，将以此为默认的打印材料。Setup 选 Simple 模式。Profile 选默认选项 Normal Quality。Infill 默认选项 Litght。Helpers 勾选默认选项 Generate Brim。Cura 切片采用自动计算模式，若参数发生改变时，软件将自动进行切片计算。当软件右下方的状态栏显示"Ready to Save to File"时，单击右下角的按钮保存文件。

这里要注意一点，有不少朋友用生成的 Gcode 打印时会发现，实际打印出来的模型与案例图示的效果相差很大，此时，请暂停余下模型的打印并耐心往下看。

Test cube——我们引入的第二个模型是测试立方（Test cube），该模型在如下默认路径：C:\Program Files\Cura 2.1\resources\meshes\ testcube.stl。我们将用 Test cube 横向测试 Profile 与 Infill 两个功能的多种模式。

我们先做 Profile 精度测试，在相同的设置（默认）下，分别打印 Profile 里的四种打印精度：Low Quality、Normal Quality、High Quality 与 Ulti Quality。如图 6-4 所示，Ulti Quality 与 High Quality 相当精细，层高依次为 0.04mm 与 0.06mm，目测很难区分出来。但前者表面有若干余料块（图中红圈标示）而后者几乎没有，这是由于层高较低，喷嘴在移动过程中材料溢出引起，因此后者的综合实用性更好。Low Quality 表面粗糙很多，0.15mm 的层高确实适合表面粗糙度要求相对较低的快速产品打印。

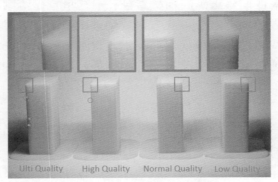

图 6-4　四种打印精度实测对比

接下来做 Infill 填充测试，在相同的设置（默认）下，分别打印 Infill 里的四种填充模式：Hollow、Light、Dense 与 Solid。如图 6-5 所示，填充实际打印出来的效果与切片模拟基本一致。

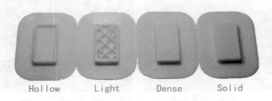

图 6-5　填充模式实测对比

Sphere——本节最后一个模型是测试球体（Sphere），该模型在如下默认路径：C:\Program Files\Cura 2.1\resources\meshes\ sphere.stl。打印参数设置如下：Setup 选 Simple 模式；Profile 选默认选项 Normal Quality；Infill 选默认选项 Light；Helpers 勾选默认选项 Generate Brim 和 Generate Support Structure。打印的效果如图 6-6 所示。

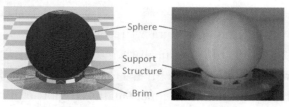

图 6-6　Sphere 打印对比

6.2.2　进阶技巧

根据前面几个案例的打印效果以及遇到的问题，整理出如下进阶技巧。

修改 Json 文件设置正确的耗材直径——这里首先给刚才遭遇了打印失败的朋友解决问题。我把这个解决方法放到进阶技巧里讲述的目的是要告诉大家：即使是超简单的打印模式，如果不注意细节，仍然会遭遇打印失败。学一门技术不仅要有兴趣，更要有坚持不懈的耐心尝试、细心分析与归纳总结，这也正是我们所推崇的工匠精神。

如图 6-7 所示，左图正是打印失败的效果，整个结构松散甚至打印件直接脱离了打印平台；而右图的紧凑致密才是理想的效果。当初我也遭遇到这种情况，首先想到的是喷嘴是否堵塞；打印平台离喷嘴的距离是否合理。在确认这两项都正常后，采用高级打印模式却能打印成功。这时我重新比对了正误两个打印件，发现错误打印件的每根线都比正确打印件要细，有供料不足的感觉，于是把排查的重点放在了耗材的规格上。Cura 是配套 Ultimaker 打印机使用的，而 Ultimaker 默认的耗材直径是 2.85mm，这与我们常用机型的 1.75mm 不同，问题应该就出在这里了，而且也得到了后面的事实验证。

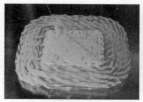
耗材直径设置错误

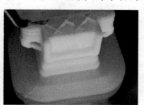
耗材直径设置正确

图 6-7　耗材直径设置正误对比

Cura 简单模式下没有耗材直径的设置选项，需要修改 Ultimaker Original+ 的设置文件，其默认的位置为：C:\Program Files\Cura 2.1\resources\machines 文件夹，我们在 http://www.json.cn/里对比该路径下的 ultimaker_original_plus.json 与 fdmprinter.json 两个文件（具体操作方法见 5.2.3 节），将耗材直径设置项添加至 ultimaker_original_plus.json 并保存，如图 6-8 所示。

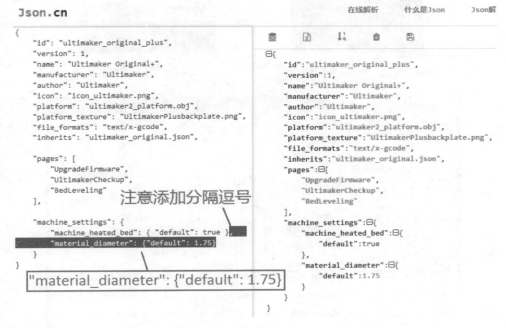

图 6-8 在 Json 文件里添加耗材直径设置项

细心的朋友可能会有一个疑问，为何不直接更改了 fdmprinter.json 里面的材料直径呢？这是因为 Cura 为确保软件的可靠性，锁定了默认的 fdmprinter.json 文件，任何对该文件做出的修改，都将导致打印机配置文件加载故障。

检查程序完整性——在打印的过程中有时会出现打印中断的情况，排除硬件的因素，往往是由于 Gcode 不完整导致。如图 6-9 所示，Sphere 在打印接近结束时中断，挤出机继续工作，导致停留在打印件上的喷嘴发生溢料。我们打开任意一个正确的 Gcode 文件，其段末有完整的 Gcode 结尾以及结束标志 "End of Gcode"，如图 6-10 所示。

导致 Gcode 缺失的原因主要有两个：一个是程序还没生成完毕就关闭软件，所以在视图区下方弹出程序保存路径的信息时，Gcode 才算保存成功；另一个是 Cura 计算故障，常见于软件运行时间过长或进行多次模型切片，因此建议每完成一个模型的 Gcode 后关闭软件，待内存释放完毕后再重新打开软件进行下一个模型的切片。

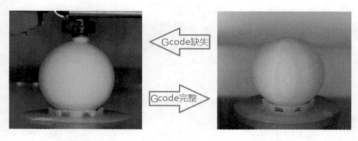

图 6-9　Gcode 缺失导致的打印中断

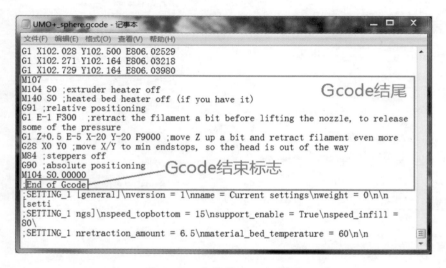

图 6-10　完整的 Gcode 格式

球体打印质量与支撑设置—— 打印球体时通常由于接触面过小，需要添加 Brim 与支撑。通常由于球体下半部分与打印平台的夹角较小，会发生翘边现象，从而导致半球不圆，如图 6-11 所示。越靠近打印平台，球体表面质量越差，这可以通过调整支撑数量与密度以及打印温度与速度来改善，这些参数可在高级打印模式下设置。

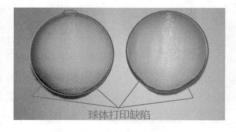

图 6-11　球体打印缺陷

6.3　我们都是设计师——DIY 钥匙扣

钥匙扣、标志牌是我们日常生活中常见的小饰品，开动脑筋并利用身边的工具，我们也可以成为设计师，DIY 一个彰显个性的钥匙扣。本节将结合 Cura 的图片打印功能给大家讲解平面类模型打印的要点与技巧。

6.3.1　平面类模型打印技巧

平面类模型是最基本的模型结构，所有模型附着面的头几层都可看作是平面类模型，坚实的模型底层是复杂模型打印成功的重要因素，因此掌握平面类模型的打印技巧十分重要。

如图 6-12 所示，Skirt 的最大用途是使喷嘴的出料均匀。这是因为喷嘴加热后，熔融状态的耗材会在重力的作用下从喷嘴流出一小部分，如果此时直接打印产品，会因材料缺失导致打印表面有缺陷。而打印 Skirt 时可将缺陷部分留在 Skirt 上，待材料挤出均匀后打印产品，以避免缺陷的产生。

Skirt　　　　　　　　Brim　　　　　　　　Raft

图 6-12　平台附着的三种结构类型

Brim 是直接增加附着力的一种方式，通过在模型根部增加一圈帽檐一样的平面来增加模型的附着面积，从而增加附着力。Brim 适用于与打印平台接触面积过小的模型、大平面接触易翘边模型、实心模型（内部应力较大易收缩）以及打印 ABS 等熔融温度高且收缩率较大的材料。

Raft 的形状类似于木筏，是一个附着在模型底部以及打印平台表面的多层叠加镂空结构。Raft 主要针对打印平台表面不可调整的变形，其顶面平整且与喷头 x、y 方向运动平面平行，其底面贴合打印平台，整个结构相当于重新打印一个打印平台，从而抵消了打印平台表面的不平整。该结构除了用于应对打印平台的变形外，还常用于打印面积较大或者接触面多且零碎的模型。这里要注意一点，该版本的 Cura 有个 bug，即层视图模式下 Raft 结构不能显示但能正常打印，该故障已在 Cura 的新版本中解决。

除了平台附着结构外，打印温度、速度以及冷却设置也影响着平面类模型的打印质量。不同材质或者不同厂家的同一种材料，其打印温度是有区别的。打印第一层时如果发现相邻线之间有溢料，则考虑降低打印温度；如果附着不牢可适当提高打印温度或者热床温度，同时把打印速度稍微降低。冷却风扇通常在开始几层打印完毕后再开启，若遇到线间溢料严重或者有翘起，可配合打印温度与速度提早启动冷却风扇。

6.3.2　切片分析与参数设置

　　这里先以一个小钥匙扣来给大家讲解整个设置的流程，模型是光盘里第6章/模型文件/6.3目录下的"金粉商城.png"，如图6-12左一所示。

　　打开图片或者直接将图片拖至Cura的视图区，软件界面会弹出图6-13所示的对话框。这里的高度、宽度、深度对应的是模型在z轴、x轴、y轴方向的尺寸，其中宽度与深度是相关联的尺寸，即修改其中任意一个的参数，另一个也相应发生变化，以确保图片按比例缩放。基座指的是基座的厚度，通常也指该模型最薄位置的尺寸。颜色高度值选项分为浅色更高与深色更高两个选项，通常与基座配套使用。比如"金粉商城"我们选深色更高来打印，此时白色是最浅的颜色，当基座厚度为零时，"金粉商城"左边的挂孔打印出来是空心的环状；如果基座厚度大于零，那么整个钥匙扣将附着在一个基座上，即挂孔是密闭的。光滑度根据需要来调整，滑块左移为锐利右移为光滑，通常选用默认的选项即可。对于这个案例，我们将高度设置为2，基座设置为0，选择"Darker is higher"，宽度选60，其他按默认值。这里还要注意一点，这些参数值不能为负数，即使可以在对话框中输入负数，但导入后在切片的过程中会发生错误。

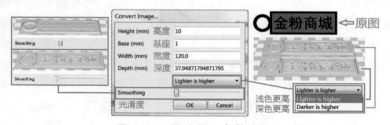

图6-13　图片导入参数设置

　　图片导入后将自动生成模型，此时进入切片参数设置的工序，选择Advanced高级打印模式。在默认情况下，打印参数分类及其相关的打印参数，大部分都没有被勾选而隐藏着，为了方便后面的讲解，将所有的打印参数都显示出来。如没特殊说明，后面所有模型都将使用"Ultimaker Original+"打印机，材料均为 PLA，选用高级打印模式，Profile 选择"Low Quality"。这里要特别注意一个地方，就是打印参数里"Material"里的"Diameter"项，其默认值为 2.85。由于在前面修改了 ultimaker_original_plus.json 文件，当前默认值已变成 1.75，因此使用打印耗材直径为 3.0 的朋友需要用回默认的 json 文件。回到我们的模型，由于模型的接触面积相对适中且厚度均匀，因此将打印参数里"Platform Adhesion"的"Type"选项由"Brim"改成"Skirt"，其他参数不变，软件计算完毕后即可保存 Gcode 文件。

6.3.3　进阶技巧

虽然前面案例的参数设置比较简单，但其相关的进阶技巧可不少，下面逐一讲解。

模型（或图片）缩放对层切片的影响—— 从前面的案例发现，模型与图片均可使用缩放工具调整外形尺寸，而图片还能通过导入对话框进行调整。但要注意的是，导入对话框的缩放仅用于调整图片 x、y 轴方向的尺寸，z 轴方向不会按比例跟随变化。除此之外，图片在导入对话框中缩放的模型质量比使用缩放工具要高，这是因为有图片生成的模型表面棱角较多，曲面的表面结构很复杂，如果用缩放工具调整容易导致模型产生缺陷而切片失败；在导入对话框里调整好图片，可以减少一次模型的生成，还可以对其表面进行光滑度调整，导入后再进行微调，模型质量会更高。不同的导入方式会因模型质量的差异而导致层切片发生故障，常见的是在层视图模式下不显示层数目，并且不能拖动滑块查看指定层。但如果此时窗口下方提示"Ready to Save to File"，那切片可以成功转出 Gcode 文件，如图 6-14 所示。为了安全起见，遇到这种情况建议用记事本打开生成的 Gcode 文件，检验一下程序的完整性。

图 6-14　故障的层视图

多色打印的设置技巧—— 多色打印可以使打印件的层次表达更丰富。目前常用的 FDM 多色打印有单头单色材料切换打印、单头多色材料打印、单头变温材料打印、多头多色交替打印、多头多色混合打印等多种方式。我们将要讲述的是单头单色材料切换打印,其关键是设置暂停功能参数以及手动更换耗材,而暂停打印功能也常用于耗材不足时更换耗材接续打印(这个需要在打印前对剩余耗材进行估算以设定暂停高度)。

我们还是选用本节的案例,在此基础上添加暂停打印功能:选择菜单栏"Extensions"下"Post Processing"中的"Modify G-Code";在弹出的"Post Processing Plugin"对话框中单击"Scripts"下"Pause at height"右方的"+"按钮;对话框右方"Pause at height"栏,自上而下四个输入框依次输入 190、190、1、0,单击右下角的"Done"。当喷头距离打印平台 1mm 时,打印暂停,而喷头自动移至 x 轴 190mm、y 轴 190mm 的位置;此时手动将塑料丝从导丝管抽出并换上另一种颜色的塑料丝,用手推动塑料丝直至喷嘴能均匀挤出纯色丝,然后按下旋钮继续打印。整个打印过程如图 6-15 所示。

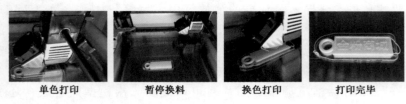

单色打印　　　暂停换料　　　换色打印　　　打印完毕

图 6-15　多色打印流程

这里要注意的是,在关掉软件之前或者在设置下一模型打印参数之前,需要单击"Post Processing Plugin"对话框中"Active Scripts"下"Pause at height"右方的"×"按钮以关闭该暂停功能,否则下一打印模型将自动加载该指令参数执行相同的暂停功能。

将照片打印成浮雕——相信这是一个许多朋友都很感兴趣的应用!将照片打印成小钥匙扣,抑或是将其打印成台灯的遮光屏风,都是很有趣的!

如图 6-16 所示,照片打印主要有三个要点:

图片　　　　　　模型　　　　　　打印件

图 6-16　照片打印流程

① ▶ 照片的选材与处理：由于 FDM 打印精度的原因，选取照片的画面应尽量简洁且主体突出分明。对于画面比较杂乱的照片，可以借助 Photoshop、美图秀秀等软件进行裁剪以及明暗度、对比度、锐度的调整。背景尽量清爽简单，特别是人像图片建议背景做单色处理，不过要注意背景不要用纯白色，否则背景将打印不出。

② ▶ 导入照片生成模型：这里要注意两个地方，第一个是高度与基座厚度的选择，模型太高会影响打印件的外观，基座太薄会影响打印件的强度，通常高度选 2mm、基座厚度选 0.5mm 是个不错的搭配，既保证了打印件的强度，又保证了其外观以及透光性。第二个要注意的是深浅色高度的选择，通常"Darker is higher"打印出来的透光效果与照片的真实效果一致。

③ ▶ 照片的放置方式：导入照片后，生成模型既可以水平放置，也可以垂直放置，而不同的放置方式打印出来的效果也不同，如图 6-17 所示。水平打印的照片，人物轮廓更加清晰；垂直打印的照片，人物轮廓相对模糊，但明暗过渡更自然，层次也更深。垂直打印必须加 Brim，而水平打印可根据实际情况选择 Brim 或 Skirt。

垂直打印　　　　　　水平打印　　　　　　水平打印
Darker is highter　Darker is highter　Lighter is highter

图 6-17　照片的不同打印方式效果对比

图片或模型制作的一些技巧——无论是菜鸟做涂鸦，抑或是专家设计作品，做图片的时候会涉及一些工具、软件以及技巧，下面简述几点：

① ▶ 借助纸、笔、尺子，可以制作符合尺寸的图片，通过数码相机或手机的拍照功能将实物图片数字化。

② ▶ 借助计算机、手机、平板电脑等工具上的应用程序制作数字化图片或模型。

③ ▶ 基础级的朋友可借助 Windows 自带的画图工具制作图片，这里有两点

技巧：第一，按住键盘上的"Shift"键，可锁定该功能的长宽比，比如椭圆工具锁定后可画正圆，矩形工具锁定后可画正方形；第二，勾选菜单栏中"查看"菜单下的"标尺"与"网格线"功能，可使设计更加精准与高效。

④ ▶ 美图秀秀是个简单的多功能图片编辑软件，不仅可以对图片进行简单调整，还可以对图片进行裁剪与旋转。对于人像等重点突出的图片，利用其抠图功能可以轻松地制作出满足 3D 打印质量要求的图片。

⑤ ▶ 对于专业级的朋友，使用 PS、AI 等软件时，如借助扫描仪、数位板以及 3D 鼠标等外设，可提高图片设计的质量，大幅缩短设计周期。

6.4 雅俗共赏话音乐——竖笛

生活中，我们常通过音乐来抒发各种情感。随着人们的鉴赏水平越来越高，已不满足于视听与演唱，像古筝、钢琴，甚至电吉他等乐器正逐渐进入寻常百姓家。3D 打印的出现，也正改变着传统乐器的设计与生产方式，下面将给大家讲解如何打印一款精巧的吹奏乐器——竖笛。

6.4.1 柱体类模型打印技巧

柱体是多面体的一种，可分为圆柱与棱柱，亦可分为正柱体与斜柱体。我们这里所说的柱体类模型定义比较广，通俗来说细而长的模型都可归类为柱体类模型。

柱体类模型通常重心较高，而且在打印过程中，随着打印平台不断下降，喷嘴离打印平台越来越远，喷嘴移动时材料的内应力会不断增大，如果模型附着不牢靠，很容易倒塌。所以柱体类模型打印的一个要点是根据模型与打印平台的接触面积，适当添加 Brim 并调节 Brim 的尺寸，或者借助第三方物理加固方式，如 PVP 固体胶或耐高温美纹纸等。

6.4.2 切片分析与参数设置

本节的案例是一个从 Youmagine 下载的 3D 打印竖笛模型，下载地址是 https://www.youmagine.com/designs/recorder-music-instrument。如图 6-18 所示，竖笛分为四个构件，通过插接的方式连接而成。

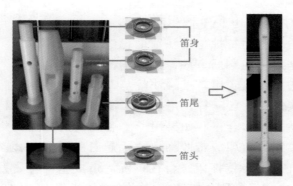

笛身

笛尾

笛头

图 6-18　竖笛的分解与组装

竖笛除了笛尾端面接触面积较大外，笛头与笛身正放时端面的接触面积较小。因此笛头与笛身选用默认的打印参数，而笛尾则将附着类型由默认的 Brim 改为 Skirt，并选用 Skirt 的默认设置参数。除此之外，四个构件的 Bed Temperature（床温）设置为 30℃，打印平台表面均匀涂上 PVP 固体胶。图中左上角的笛头已经将 Brim 清除掉，其下方的小图是 Brim 未清除时的状态。

6.4.3　进阶技巧

本节的进阶技巧主要有两个，一个是如何使用 PVP 固体胶，另一个是如何根据实际情况选择柱体类模型的放置平面。

PVP 固体胶的使用技巧——耐高温美纹纸与 PVP 固体胶，是两种常见的提高打印平台附着力的物理方法。前者通过提高打印平台的表面粗糙度值来提高附着力；后者不仅能提高表面粗糙度值，还能使打印平台表面具有黏性，功能比前者更强大，使用更便捷。

相同的条件下，附着可靠性的关键在于打印耗材的性能。同样是 PLA，不同品牌或者同一品牌不同批次，其性能也有差异。通过实际的测试，我发现喷嘴温度在 195～210℃ 能正常打印的为优质耗材，其固化速度高、效果好，打印件的尺寸精度及刚性较高；而在 175℃ 时喷嘴如果仍然能挤出打印的耗材品质较为低劣，此种耗材不理想，其固化速度缓慢且固化硬度不高，打印件的尺寸偏差较大并且容易破碎。

我们开启热床时，温度尽量控制在 60～70℃，因为温度过低附着不牢，而温度过高会造成打印件基部较软而影响成型精度。即使温度在该范围内，不同品质的材料其附着性能也不一样；劣质耗材会因为温度较高固化太慢而附着不牢；优质耗材有可能由于固化快导致黏度不够而脱离打印平台，在这种情况下我们可考虑使用 PVP 固体胶。

关于 PVP 固体胶的特性与用法前面已经详细讲解过了（详见 3.3.3 节），这里要补充的是黏度的判断方法。用仪器测量黏度会有种"杀鸡用牛刀"的感觉，手触法才简单实用。手触法就是直接用手触摸胶面，凭感觉判断黏度的大小。就像摁手印一样，用食指轻摁到胶面上并提起，若食指表皮有拉扯感，则黏度基本合格。如果用一个更准确的标准来判断，那就是和食指轻摁到美纹纸或透明胶带胶面上并提起时的感觉一样。这里强调的是轻摁，因为力气过大会使打印平台往下沉，造成基准位置发生变化。

柱体的放置方式及其刚性特点—— 柱体的式样很多，这里我们以直径为 3mm，长 50mm 的圆棒为例。如图 6-19 所示，圆棒选用了水平与竖直两种放置方式，由于两种方式中圆棒与打印平台的接触面积都很小，因此都选用默认的打印方式，附着方式都选择 Brim。

打印结果显示，水平放置打印用时为 2min，打印层切面与圆棒轴线平行，打印件垂直于轴向的横截面是轮廓为锯齿状的圆形；垂直放置打印用时为 7min，打印层切面与圆棒轴线垂直，打印件垂直于轴线的横截面是轮廓光滑的圆形。细心的朋友会发现，水平放置打印的圆棒侧面笔直，而垂直放置打印的圆棒侧面凹凸不平。这是因为前者层切面数目小，层面积大，每层都有足够的时间冷却；而后者层切面数目大，层面积小，因此每一层还没充分冷却就要打印下一层切面。这也是造成理论打印体积一样而实际打印时间相差很大的原因。

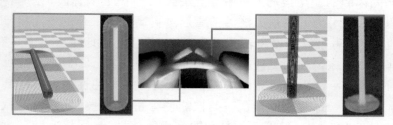

图 6-19　圆柱的放置方式与折弯测试

我们将两支打印圆棒的 Brim 清除掉，端面对齐后用左右手分别握住其两端并向下掰。当圆棒折弯至约 150°的位置时，垂直放置打印的圆棒折断成两半，水平放置打印的圆棒中间仅出现了一些裂痕而并没断开。试验证明了 3D 打印件的刚性具有各向异性的特点，即层切面方向的刚性比其垂直方向的刚性低，模型更易在层切面方向发生断裂。根据这个特性，我们在选择打印方向时需要衡量打印件使用环境与功能。比如打印竖笛用竖直打印会得到更好的外观效果，但如果打印玩具车的车轮轴时，水平放置打印会使车轮轴的刚性更好。

6.5　花样年华——艺术花瓶

居室摆花，清新雅致，插花也就成了我们生活中常见的装饰。俗话说，好花还需绿叶衬，精美的花瓶也是插花装饰中的一道靓丽风景线，本节将以造型独特的艺术花瓶为例，跟大家分享薄壁类模型的打印技巧。

6.5.1　薄壁类模型的打印技巧

薄壁类模型通常指壁厚较小而且厚度均匀的模型，其中最典型的是花瓶类模型。在 Cura 打印参数设置里，我们通常称 Special Modes 下的 Spiralize Outer Contour 为花瓶打印模式。花瓶打印模式的特点是厚底、薄壁、开口，即模型底部打印成实心底座，侧壁打印成单层壁厚（即厚度与喷嘴直径一致），模型顶部不打印而呈开放性结构。

鉴于单层薄壁的这个特点，耗材的性能就很讲究了，要尽量选择标称性能参数与实际偏差不大的耗材。在同种材料的前提下，熔点低、流动性高的材料需要适当降低喷嘴温度，并提高打印速度；而熔点正常，但固化速度快的材料（这种耗材的塑料丝通常较脆，容易断裂）需要适当提高喷嘴温度，并降低打印速度。总之，薄壁打印的速度不能过快，可根据情况适当调低。

6.5.2　切片分析与参数设置

本节将以一款艺术花瓶为例，给大家讲解薄壁类模型的基本设置流程。模型文件为光盘本节目录下的 yshp.stl。

如图 6-20 所示，仍选用默认的打印参数。导入模型后显示花瓶为实心体，鉴于瓶底面积较大，附着类型选用 Skirt 及其默认参数。当勾选 Spiralize Outer Contour 后，在层查看模式下，花瓶已变成单层薄壁并开口的结构。按此设置输出 Gcode，最终打印出图 6-20 右一所示的实物。

图 6-20　艺术花瓶

6.5.3 进阶技巧

水密性测试—— 由于本节的案例是花瓶,所以打印的成品要能够装水。但是很多朋友可能会很失望地发现,花瓶的侧壁正在一滴滴地往外渗水,有些严重的甚至直接往外喷细水柱,花瓶瞬间变成了浇花用的洒水壶!

水密性测试不仅是检验花瓶的一个标准,更是评估耗材质量的手段以及调试耗材打印参数的方法。3D 打印机工作正常并且采用默认的打印参数时,如果侧壁有多个地方喷出细水柱,说明耗材质量较差;而不漏水或者只有几个地方有很缓慢的渗水,说明耗材质量较好。对于出现的轻微渗水现象,可以通过调节喷嘴温度、打印速度、层高等参数来提高层间的熔合度,减少因出现毛细孔洞而发生渗漏的现象,直至打印出不漏水的花瓶。测试好的打印参数可用作该卷耗材的基本打印参数。

除了调整参数外,对于轻微渗水的地方还可以在洁净干爽的情况下涂抹502 胶水以阻止渗漏。当然,如果将花插进小水瓶里,再放进艺术花瓶内,将彻底阻止因打印缺陷而引起的渗漏。

适合花瓶打印模式的模型—— 花瓶打印模式把模型分为三部分,即底部、侧面与顶部。无论是曲面或者是平面,底部指定层将打印成实心,侧面将打印成单层厚侧壁;而顶部是花瓶打印模式最大的变数,不同形状的顶部以及顶部与侧面连接的方式,将直接影响开口的形状以及打印的可行性。

如图 6-21 所示,我们选了八种比较有代表性的几何类型进行对比分析,图中红色代表开口,绿色代表单侧壁,蓝色代表底部。

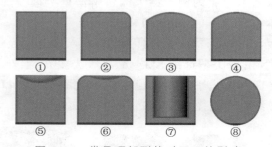

图 6-21　常见顶部形状对开口的影响

① ▶ 平顶且与侧壁相接:底与侧壁正常打印,顶部为一整个平面,全部开口。

② ▶ 平顶且与侧壁平滑相接:底与侧壁正常打印,顶部仅平面处开口。

③ ▶ 凸顶且与侧壁相接:底与侧壁正常打印,顶部最高点局部开口。

④ ▶ 凸顶且与侧壁平滑相接:底与侧壁正常打印,顶部最高点局部开口。

⑤ ▶ **凹顶且与侧壁相接**：底与侧壁正常打印，顶部最高点局部开口，凹坑最低点局部开口。图中特例显示凹面与侧壁分离，凹面部分因缺少支撑而无法打印。

⑥ ▶ **凹顶且与侧壁平滑相接**：底与侧壁正常打印，顶部最高点局部开口，凹坑最低点局部开口。图中特例显示凹面与侧壁分离，凹面部分因缺少支撑而无法打印。

⑦ ▶ **空心模型**：这类模型为底部实心、顶部开口的中空结构，也可理解为顶部凹陷模型的一种极端形态。同样，在顶部最高点局部开口，凹坑最低点局部开口。实际上中间部分因缺少支撑而无法打印。

⑧ ▶ **球体**：顶部中心部分局部开口。

当模型的底部与侧壁以及顶部与侧壁均为相接关系，则模型可分为底部、侧壁、顶部三个部分；当模型的底部与侧壁相接而顶部与侧壁平滑相接时，顶部与侧壁可理解为穹顶，即模型由底部与穹顶两部分组成；当模型的底部与侧壁以及顶部与侧壁均为平滑相接关系时，模型的底部、侧壁、顶部将不再分开，而是合为一体，比如球体类模型。因此最适合用作花瓶打印的模型是底部平整，顶部为大平面的实心体。

单侧壁模式设置技巧——同样是在 Special Modes 下，在 Spiralize Outer Contour 上方有一项叫 Surface Mode，里面的 Surface 功能与 Spiralize Outer Contour 很像。Surface 通常称为单侧壁模式，前者只比后者多了一个底部。所以不少朋友根据其上下贯通的特点，用 Surface 模式打印灯罩一类的模型。

如图 6-22 所示，由于单侧壁打印时模型底部与打印平台表面的接触面积很小，只有一个单线宽的封闭轮廓，因此要使用 Brim 功能来增加其接触面积。图 6-22 右一与右二是两个层视图，两者打印出来的结果都是一个薄壁圆筒。不同的地方在于右二的 Brim 只有圆筒外部的一圈，而右一的 Brim 在圆筒内外都有。这是因为右二的模型是实心的圆柱体，采用的是 Surface 模式；而右一的模型是壁厚为 0.4mm（喷嘴直径）的圆筒，采用 Normal 模式打印。这个对比说明，Brim 只在模型外部生成。

图 6-22　单侧壁打印效果

6.6   吉祥的动物——鹿

鹿是一种体态优美、性情温顺而又活泼灵动的动物。它象征吉祥、长寿、权力，是我国传统文化的重要组成部分。本节将以一只小鹿的模型，给大家讲解 3D 打印中支撑结构的用法。

6.6.1   模型的支撑打印技巧

前面介绍的几款模型，基本都是平面或柱体类的，打印技巧相对简单。而结构复杂的模型还会用到一些辅助打印功能，支撑就是一种常用的辅助打印结构。需要添加支撑结构的模型通常有四类：悬空、悬垂、横梁与拱形，下面以图 6-23 为例给大家详细讲解。

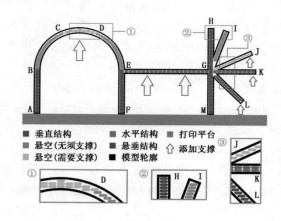

图 6-23   模型结构与支撑

悬空：悬空包括悬垂与梁拱。但并非所有的悬空结构都需要添加支撑，图中绿色部分（如 G I）为无须添加支撑的悬空结构，图中黄色部分（如 GJ）为需要添加支撑的悬空结构。

从放大视图②可看出，严格的垂直结构（GH）每一层都大小一致且完全对齐，而悬空结构（G I）由于每层都凸出于前一层，因此形成了倾斜结构。悬空趋于垂直时，其相邻两层垂直方向的接触面积变大，其刚性也越好，因而不需要支撑；悬空趋于水平时，其相邻两层垂直方向的接触面积变小，其刚性也就相应降低，因需要添加支撑，如图③中的 GJ 所示。若 GJ 较长，需适当增加支撑的密度。

悬垂： 如图 6-23 右侧所示，悬空结构（GI 与 GJ）从主体（HM）延伸出来，其末端（I 与 J）倾斜向上；而褐色的悬垂结构（GL）虽然也是源于主体，但其末端（L）倾斜向下并且离开打印平台。因此悬垂结构的末端需要添加支撑结构，若 GL 趋于水平且较长，则 G 与 L 之间需要添加支撑结构并适当调整其密度。

横梁： 图 6-23 中红色部分为横梁结构，这可以看作是悬空与悬垂结构水平时的状态。常见的横梁结构有两端固定（EG）以及一端固定（GK）两种，两者都需要在其中间添加密度合适的支撑结构，而一端固定的还需要在其悬空的一端添加支撑。

拱形： 这也是一种常见的模型结构，比如桥洞、球顶等。图 6-23 左侧是一个门拱的造型，其中 BCDE 组成了拱形结构。无论是 BCD 还是 EDC，都可看作是 GI 向 GJ 变化的过程，即由垂直逐渐变化至水平的一种结构。如放大视图①所示，ED 段近似于 G I 而无须添加支撑；DC 段近似于 GJ 与 EG，因而需要添加支撑。

6.6.2 切片分析与参数设置

我们本节使用的案例是从打印啦网站下载的鹿模型，下载地址是 http://www.dayin.la/product/23348.html。

如图 6-24 所示，鹿头与腹部为横梁结构，四肢、脖子、耳朵与鹿角是悬空结构，籽骨（四蹄后上方的突起）与尾巴是悬垂结构。我们仍选用默认打印参数，设置热床温度为 30℃，并且打印平台表面涂 PVP 固体胶。勾选支撑模式"Enable Support"，并选用默认的参数。待切片计算完毕后生成 Gcode 文件即可。

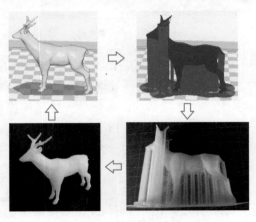

图 6-24 鹿的切片与打印

6.6.3 进阶技巧

悬角与密度的影响——悬角与密度是支撑结构的两个重要参数。悬角指定了支撑的部位与范围，悬角越小，支撑的部位越多，支撑的范围也随之增大，而支撑结构拆除难度却增加了；悬角越大，支撑的部位越小，支撑的范围也相应减小，而支撑结构的拆除相对简单。密度定义了支撑范围内支撑接触点的数量，密度越大，支撑接触点就越多，支撑结构的强度更高，但拆除更困难；密度越小，支撑接触点越少，支撑结构强度降低，但拆除相对容易。

如图 6-25 所示，当悬角为 70° 时，鹿后腿前侧因缺少支撑而导致打印质量下降（尤其是上部悬角较小的部分打印质量较差），尾巴的支撑由于密度过小而造成支撑缺失，最终后腿以及尾巴脱落而打印失败；当悬角为 50° 时，整条鹿后腿得到支撑，打印精度高，而且尾巴的支撑完整，结构结实，最终打印成功。

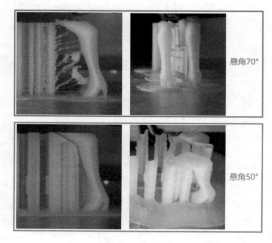

悬角70°

悬角50°

图 6-25　不同悬角的打印对比

在设置打印结构的时候，一定要用层视图检查悬空部位的支撑是否足够且到位，这是支撑设置的最基本要求，可以通过调节悬角以及支撑密度来实现，还可以选择不同的支撑图案来优化支撑结构，尽量使支撑结构简单合理且拆卸容易。

A 型倒打法——A 型模型的特点是自下而上由分叉逐渐相交在一起，而 V 型模型的特点是自下而上由整体变为分叉。A 型模型多由悬空、悬垂结构组成，比如人物的模型。常见人像全身直立造型，其分开直立的两腿与躯干构成典型的 A 型，自然垂下的双手虽为悬垂结构，而手臂与躯干相接时又构成了 A 型。A 型模型有个特点，两个分叉部分将要相交的位置，由于悬角较小，多有翘边的情况出现，因此容易被喷嘴碰倒而使打印失败。遇到这种情况时，可以考虑采用倒打，比如常见的 3D 打印绿巨人，正打的时候其双臂容易断，倒打法基本避免了这种情况，只不过其头部需要添加较多的支撑，否则会发生倒塌而使打印失败。

另外圆拱形是 A 型模型中的一款特例，拱顶部分几乎为水平，因此拱顶附近的打印缺陷就更明显了。对于小型的圆拱，可以不用添加支撑结构直接打印，比如前面打过的那支竖笛，其音孔就不加支撑直接打印出来；但对于大型圆拱（比如桥梁一类的）就需要添加支撑，否则会发生喷头撞倒模型或者因喷头碰撞引起的模型错位打印。

内部支撑是填充——其实就广义的支撑结构来说，模型内部的填充也算是支撑，只不过是支撑模型的内部。细心的朋友会发现支撑以及填充的图案都分为相同的五种，因此合理选择支撑与填充的图案，可使打印及模型拆卸更简单，而模型更加轻巧结实。

6.7 空间艺术——克莱因瓶

在我们生活当中各式瓶子琳琅满目，然而绝大多数人都没见过一个神奇的数学模型——克莱因瓶。该瓶子造型独特，整个瓶子的内部与外部贯通并且由一个曲面组成。如果说克莱因瓶作为瓶子的功能性一般，那其结构的新颖性绝对独树一帜，尤其是镂空的克莱因瓶更是一个极具创意的挂件与摆设。下面就以镂空的克莱因瓶为例给大家讲解镂空类模型的打印要点。

6.7.1 镂空类模型打印技巧

我们把穿透中空物体表面或者直接在物体内部生成各种形状的透孔结构称为镂空，通常分为平面镂空与立体镂空。平面镂空可以参考平面类模型的打印技巧，本节主要讲述的是立体的镂空结构。如图 6-26 所示，左图为平面镂空结构，而中间与右图为常见的两种立体镂空类型。

平面镂空　　　　表面镂空　　　　内外镂空

图 6-26　镂空结构

　　从图 6-26 可以看出,镂空模型除了由基本的几何体构成外,还包含着大量悬空、悬臂结构。上一节学习了针对悬空、悬臂、悬垂结构添加支撑,这个对于立体镂空结构来说同样适用。不过镂空模型的基本形体通常由单层或多层复合而成,这就类似于单层或者多层的镂空象牙球。因此用 Cura 添加支撑时,镂空结构的支撑数量及密度会比动物、人像类模型多很多,大幅增加了支撑结构拆除的难度,通常不建议给镂空加支撑结构,除非添加的支撑较少且容易拆除。

　　那这么看来复杂的镂空模型岂不是打不出来?事实并非如此。通常来说悬空结构跨度越大,变形也越严重,但模型外形尺寸基本一致时,模型内部分层越多,结构越复杂,其悬空结构的跨度也相应减少,此时对镂空打印影响最大的是翘曲撞击。

　　翘曲撞击指的是打印喷嘴在移动的过程中撞上了模型打印层因热变形而发生翘曲的部分,轻则造成打印件局部缺陷,严重的撞击可将打印件从打印平台上击落。针对这种不可避免的现象,Cura 增加了一个 z 轴提升的功能,以降低翘曲撞击对打印件的影响。

　　如图 6-27 所示,关闭 z 轴提升功能的情况下,单层打印完毕,喷嘴离开模型时,模型薄而尖的部分(常见于拱顶以及大悬角结构)因受热变形而向上翘起。当喷嘴移回模型时,其侧方撞上了打印层翘起的部分,若打印平台附着不牢固,模型被撞离打印平台。启动 z 轴提升功能,喷嘴在离开模型前首先会提升至预设的距离,然后再离开模型。当喷嘴按设定的路径移回模型(翘起部分)上方后,喷嘴往下移动设定的距离后继续打印。

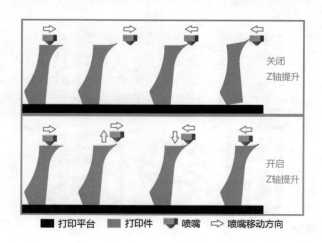

图 6-27　翘曲撞击现象

6.7.2　切片分析与参数设置

　　本节使用的案例是从打印啦网站下载的克莱因瓶,模型下载网址是 http://www.dayin.la/product/40240.html。

　　如图 6-28 所示,该克莱因瓶表面布满了镂空的孔,而且里面中空结构的底部与瓶底相连,另一端穿过侧壁与瓶身的顶部相连。类似结构如果添加支撑将非常难拆除,尤其是瓶子内部的支撑结构几乎不可拆卸。另外,瓶底与打印平台的接触面非常小,需要添加 Brim 来增加附着力。本案例仍选用默认打印参数,设置热床温度为 30℃,并且打印平台表面涂 PVP 固体胶,将 Z Hop when Retracting 设置为 0.1mm。待切片计算完毕后生成 Gcode 文件即可。

图 6-28　克莱因瓶的切片与打印

6.7.3　进阶技巧

　　拉丝现象—— 如图 6-29 所示,拉丝通常出现在同一打印平面中不同封闭打印结构之间,比如镂空孔或者分叉结构之间。造成拉丝的原因有很多,打印温度过高、回抽过慢或回抽距离过短都可能引起拉丝。所以,遇到拉丝时可以适当降低打印温度或者提高回抽速度与距离。轻微拉丝也可以在后期处理掉。

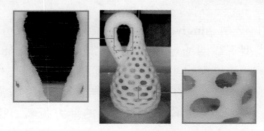

图 6-29　拉丝现象

6.8　扶摇直上九万里——腾空的火箭

　　李白诗云:"大鹏一日同风起,扶摇直上九万里。"我国自主研制的首艘货运飞船"天舟一号"发射成功，为纪念我国航天事业艰苦卓绝的发展历程，我们找来了一款腾空的火箭模型，并以此为案例给大家讲解复杂模型的打印技巧。

6.8.1　复杂模型打印技巧

复杂模型可分为一体式与组合式，这里主要讲解组合式的复杂模型，而该类模型常见的有两种类型。

第一种是尺寸超大型。当需要打印一个外形尺寸超出 3D 打印机最大打印体积的模型，并且该模型不能缩小打印时，我们需要用到拆解打印的技巧。模型的拆解并非 Cura 的自带功能，通常需要借助第三方的建模软件或者模型编辑软件对模型进行分解，并重新编辑处理驳接的位置，或者重新构建模型驳接位置的产品结构。这就需要我们至少掌握一款建模软件或模型编辑软件，否则只能寻找该模型的分解版本或者向会建模或编辑模型的朋友求助了。

第二种是异向结构型。异向结构指的是同一个模型的不同部位，其最佳打印方向不一致。比如说打印一棵抽象的圣诞树，其主干垂直于地面而树枝与底面平行。如果直接打印出来，需要添加很多支撑结构且树枝间的支撑结构非常难拆除；若是把主干与树枝分开来且全部竖着打印，等打印完毕后再将树枝插回主干，便可在较短的时间内打印出更好的效果。异向结构型的模型拆解方式与要点和尺寸超大型打印件一致。

6.8.2　切片分析与参数设置

本节使用的案例是从 thingiverse 网站下载的 gCreate_Official_ Rocket_Ship（腾空的火箭），模型下载网址是 http://www.thingiverse. com/thing: 427789。

如图 6-30 所示，该模型自上而下由火箭顶部、火箭主体、火焰以及烟团四个部分组成，如果组成一体打印，添加的支撑结构将非常复杂，在拆除支撑的过程中容易造成模型在火焰与烟团连接的地方折断。模型的设计者将模型分成四部分，一方面可使造型规则的火箭主体由倾斜状态恢复为垂直状态打印，降低了火箭主体打印的难度并且使其外观更加漂亮；另一方面可降低超大模型的打印风险，模型越大，耗费的打印时间与材料越多，可能发生打印失败的时间点越接近打印完毕的时间，所造成的时间与打印耗材的损失越大。拆解打印还有个好处就是不同部位可以选择不同颜色的耗材，使打印件更加逼真。

图 6-30 腾空的火箭

这里大家要注意一点，当导入的模型大于打印机的最大打印体积时，由于 Cura 默认开启了设置菜单 Preference 中 General 的 Scale large files 功能，所以模型导入后会自动缩小至最大打印体积并弹出提示信息。当导入的模型小于最大打印体积时，模型将不进行缩放。遇到这种情况时，要在打印机的最大打印体积范围内根据使用要求，统一调整模型所有部件的缩放比例，否则模型将装配不了。为了缩短打印时间，将模型的所有部件统一缩小至 50% 后再切片打印。

首先选用白色 PLA 打印烟团，导入模型"smoke_4.STL"并将其缩放至 50%。选用默认打印参数，设置热床温度为 30℃并且打印平台表面涂 PVP 固体胶。勾选支撑模式 Enable Support，并将悬角设置为 70°。设置 Platform Adhesion 中的 Brim Width 为 15mm。待切片计算完毕后生成 Gcode 文件即可。

接着用黄色 PLA 打印火箭主体，将"1950s_spaceship_v1_ gcreate_logo.STL"导入 Cura 并将其缩放至 50%。选用默认打印参数，设置热床温度为 30℃并且打印平台表面涂 PVP 固体胶。勾选支撑模式 Enable Support 并将悬角设置为 70°。设置 Platform Adhesion 中的 Brim Width 为 15mm。将 Z Hop when Retracting 设置为 0.1mm。待切片计算完毕后生成 Gcode 文件即可。

最后用黄色 PLA 打印火箭火焰以及火箭顶部，考虑到这两个模型尺寸相仿，我们将这两个配件放在一起打印。将"1950s_spaceship_v1_top.STL"以及"flame.STL"导入 Cura 并将其缩放至 50%。选用默认打印参数，设置热床温度为 30℃并且打印平台表面涂 PVP 固体胶。设置 Platform Adhesion 中的 Brim Width 为 15mm。将 Z Hop when Retracting 设置为 0.1mm。待切片计算完毕后生成 Gcode 文件即可。

打印效果如图 6-31 所示。

图 6-31　腾空的火箭切片打印效果

6.8.3　进阶技巧

本案例在打印的过程中已进行过多次调试并分析了一些常见的问题与技巧。

评估底部缺陷对打印件的影响—— 如图 6-32 所示,我们在打印大平面模型时,有时会遇到打印层部分缺失的情况。导致这种缺陷的原因有很多,比如喷嘴部分堵塞、打印耗材直径不均匀、耗材传送不畅等,要按实际情况逐一排除。

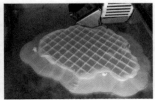

图 6-32　烟团的底部缺陷

当打印件初始几层出现局部缺失时,要决定继续打下去还是终止打印。如果故障没有排除,缺失持续出现,就要中断打印,排除故障。倘若局部缺失是由于耗材传送不畅(比如烟团打印时由于塑料丝缠绕在料盘上过紧而传送不畅导致打印层局部缺失),手动排除故障后能恢复正常打印的,可以考虑继续打印。不过这里需要注意一下,在继续打印前还需要评估打印层局部缺失是否会引起打印件的脱落。通常与打印平台接触面积较小的模型出现该故障时容易造成脱落;而接触面积较大的模型,即使是首层出现局部缺失,只要附着力足够(比如添加了 Brim 或打印平台表面添加了 PVP 固体胶),仍然可以继续打印。

塑料丝缠绕—— 我们在装卸打印耗材时,一定要注意避免图 6-33 所示塑料丝缠绕的情况,否则在打印过程中塑料丝会卡死在料盘上而造成打印失败。特别是将塑料丝插进挤出机时,一旦不小心塑料丝脱手,很容易在其回卷到料盘的时候与相邻的塑料丝发生缠绕。这里分享给大家一个小窍门,在装卸耗材时,可用夹子或者透明胶将塑料丝固定在料盘上,等装卸完毕后再拆除,此法有效地减少了耗材装卸时塑料丝缠绕的发生。

图 6-33　塑料丝缠绕

塔尖类模型打印技巧——垂直而且细长的结构是塔尖类模型的特点。由于塔尖的横切面积小，在相同的打印参数下其打印速度相对较快，因此冷却不足容易出现热变形的现象，从而导致该部分的打印质量下降。如图 6-34 所示，我们将火箭顶部与火焰放置在一起，并且在较远的对角位置上再添加一个火箭顶部。此法目的在于延长火箭顶部每一层的打印时间，使其得到更好的冷却。左起的两张图片是模型 100%的尺寸，而右一是模型 50%的尺寸，通过对比发现，尽管打印参数一致，但按 50%比例的打印质量比 100%的差很多，而且出现了蛛网般的拉丝，这进一步证明了塔尖类模型的尺寸以及打印（冷却）时间对打印质量的影响。

图 6-34　火箭顶部与火焰

由于本案例火箭顶部的模型尺寸相对较小，因此直接增加一个作为延时工具，而对于体积较大且比较复杂的塔尖类模型，此法将耗费大量的时间与耗材。参考 6.3 节，可以画一个平面的小圆点，通过照片打印的相关设置方法将其变成一个圆柱体。以此取代添加的同一打印模型，会在保证质量的前提下节省不少打印耗材。除此之外，在打印塔尖部分时，拧动打印机面板上的旋钮可灵活地降低打印速度，使打印效果更好。

暂停打印的重要性及其实现的方式与特点——暂停打印不仅可以用于更换打印耗材或者给模型添加内嵌件，还可以用于超大或者复杂模型的打印，以便随时查看模型或修复模型。

常见的暂停打印方式有三种。第一种，用打印机控制面板里的暂停功能。

此法虽然简单，但暂停后的喷头仍然停留在打印件上并且继续往外喷丝，这就造成了该地方会突出一个料块，影响了打印件的外观。第二种是软件暂停法（Pause at height），具体操作方法见 6.3 节。此法的优点在于暂停时喷嘴移离打印件，而缺点是只能预先设置暂停的位置，不能做到随时暂停。第三种方法是在打印件添加一个与高度相仿的参考件。此法可以说是前两种方式的优势互补，当喷嘴移动至参考件时按下打印机上的暂停开关，既可实现随时暂停又不会影响打印件的外观，仅是打印件与耗材的用量略微提高。

一体式活动类模型——这类模型是由若干不可拆分的配件组成，打印完毕后各个配件联合在一起并且可以活动，多见于人偶、小机器人类模型。由于这类模型的内部有众多的卡扣结构，因此很少添加支撑，而且要避免因过快的打印速度引起卡扣的黏合，导致模型不能活动。

6.9　工业艺术与智慧的结合——蒸汽朋克齿轮魔方

魔方是常见的一种益智玩具，淡化其竞技的功能并加入工业艺术的元素，便成了本章的终极打印案例——蒸汽朋克齿轮魔方！它有着魔方的造型，内部为齿轮联动机构，精细雕琢的每一个配件都带着浓浓的蒸汽朋克味道，是一个可以把玩的精美摆设。

6.9.1　综合打印分析

蒸汽朋克齿轮魔方（简称魔方）是从 thingiverse 网站下载的 Steampunk_cube_gears，模型下载网址是 http://www.thingiverse. com/thing: 684376。

如图 6-35 所示，魔方一共由 10 款共 17 个部件组成：

图 6-35　蒸汽朋克齿轮魔方

① ▶ steampunk_gear_cube_center（简称 center）：魔方的核心模块一件。

② ▶ steampunk_gear_cube_pin（简称 pin）：核心模块与角件间的固定钉，共 8 支。

③ ▶ steampunk_gear_cube_large_corner_1_v2（简称 LC1）：大角件 1 一件。

④ ▶ steampunk_gear_cube_large_corner_2_v2（简称 LC2）：大角件 2 一件。

⑤ ▶ steampunk_gear_cube_large_corner_3_v2（简称 LC3）：大角件 3 一件。

⑥ ▶ steampunk_gear_cube_large_corner_4_v2（简称 LC4）：大角件 4 一件。

⑦ ▶ steampunk_gear_cube_small_corner_1（简称 SC1）：小角件 1 一件。

⑧ ▶ steampunk_gear_cube_small_corner_2（简称 SC2）：小角件 2 一件。

⑨ ▶ steampunk_gear_cube_small_corner_3（简称 SC3）：小角件 3 一件。

⑩ ▶ steampunk_gear_cube_small_corner_4（简称 SC4）：小角件 4 一件。

　　在魔方的核心模块上有八个端面，上面各有一个内大外小的长孔用于装配固定钉。固定钉为扁平的棱形，头尾尖端便于插进核心模块与角件，中间的缺口用于锁定核心模块与角件，固定钉中间的空心结构是弹性变形的设计，可使固定钉顺利通过小孔口而卡在孔的内部。四个大角件虽然造型各异，但其基本功能结构是一致的，即大角件分为内外互嵌并且可相对转动的两部分，其中内部的端面上有一个与核心模块端面孔一致的长孔。四个小角件同样是造型各异，但功能结构单一只有一个部分，而且在端面上都有一个内大外小圆孔。

　　如图 6-36 所示，若以固定钉连接魔方的核心模块与任意一件大角件，则大角件内部将与核心模块锁定在一起，由于两者都是长孔，因此锁定后的大角件内部与核心模块不能相对转动，只有大角件的外部能旋转。而四款小角件由于端面上是圆孔，因此用固定钉将其锁定到核心模块后，小角件可转动。

图 6-36　配件的功能结构特点

6.9.2　切片分析与参数设置

　　center——当模型的放置平面有多个选择时，应优先考虑模型能牢固平放，而且悬空结构较少，易于打印。导入 center 后发现八个平面中有七个都不能放平，唯独默认的放置方式最合适，因此不用调整模型的放置。在默认的打印参数基础上，将热床设置为 30℃并且在其表面添加 PVP 固体胶涂层；平台附着类型选 Brim 及其默认的参数。当打印至模型顶角处斜向上的柱体结构时，转动面板上的旋钮将打印速度降至 50%左右以得到更好的打印效果。待切片计算完毕后生成 Gcode 文件。

pin—— 导入模型选择默认的放置模式，并以同样方式添加七件相同的模型并排成一排。在默认的打印参数基础上，将热床设置为 30℃，并且在其表面添加 PVP 固体胶涂层。平台附着类型选 Skirt 及其默认的参数。待切片计算完毕后生成 Gcode 文件。

LC1——导入模型选择默认的放置模式。在默认的打印参数基础上，将热床设置为 30℃，并且在其表面添加 PVP 固体胶涂层。平台附着类型选 Skirt 及其默认的参数。待切片计算完毕后生成 Gcode 文件。对于这种一体式活动结构模型，平台类型若选用 Brim 将会增加打印件拆卸修整的难度，因此一体活动类模型尽量避免使用 Brim。

LC2——导入模型选择默认的放置模式。在默认的打印参数基础上，将热床设置为 30℃，并且在其表面添加 PVP 固体胶涂层。平台附着类型选 Skirt 及其默认的参数。待切片计算完毕后生成 Gcode 文件。这里要注意的是，由于模型顶部有一个由三根圆柱体相交与平面相交约 45°的悬空结构，因此打印该结构时转动面板上的旋钮降低打印速度以得到更好的打印效果。

LC3—— 导入模型选择默认的放置模式。LC3 是一个三层内嵌镂空的球状结构，为本节最难打印的部件，其打印成功率很低，对材料性能要求很高，可作为材料性能的简易检测方式。在默认的打印参数基础上，将热床设置为 30℃，并且在其表面添加 PVP 固体胶涂层。平台附着类型选 Skirt 及其默认的参数。Z Hop when Retracting 设置为 0.1mm。待切片计算完毕后生成 Gcode 文件。

LC4——导入模型选择默认的放置模式。LC4 的外层内部为穹顶结构，打印难度比 LC3 低。将热床设置为 30℃，并且在其表面添加 PVP 固体胶涂层。平台附着类型选 Skirt 及其默认的参数。待切片计算完毕后生成 Gcode 文件。

SC1—— 导入模型选择默认的放置模式。SC1 属于无支撑的已打印结构，在默认的打印参数基础上，将热床设置为 30℃，并且在其表面添加 PVP 固体胶涂层。平台附着类型选 Skirt 及其默认的参数。待切片计算完毕后生成 Gcode 文件。

SC2—— 导入模型选择默认的放置模式。SC2 顶部有倒金字塔形的结构，其悬空部分与平面的夹角约 45°，在 SC2 的表面还有几个悬臂的管状结构，我们考虑使用支撑结构。在默认的打印参数基础上，将热床设置为 30℃，并且在其表面添加 PVP 固体胶涂层。平台附着类型选 Skirt 及其默认的参数。启用支撑功能，设置悬角为 70°。待切片计算完毕后生成 Gcode 文件。在打印顶部的倒金字塔结构时，转动面板上的旋钮降低打印速度以得到更好的打印效果。

　　SC3—— 导入模型选择默认的放置模式。SC3 内部有较小的穿顶结构，仍属于易打印结构，在默认的打印参数基础上，将热床设置为 30℃，并且在其表面添加 PVP 固体胶涂层。平台附着类型选 Skirt 及其默认的参数。待切片计算完毕后生成 Gcode 文件。

　　SC4—— 导入模型选择默认的放置模式。SC4 其中一个侧面上有悬臂结构，由于模型尺寸较小，不考虑使用支撑结构。在默认的打印参数基础上，将热床设置为 30℃，并且在其表面添加 PVP 固体胶涂层。平台附着类型选 Skirt 及其默认的参数。待切片计算完毕后生成 Gcode 文件。

6.9.3　进阶技巧

　　前面的打印参数设置相对简单，但得出这些参数的过程却不是那么简单的，这里涉及孤岛打印、Brim 选择、PVP 固体胶性能、支撑的选用以及材料性能等多次测试。

　　孤岛打印与平面附着方式的选择—— 在同一个打印层中出现多个独立的封闭打印区间，我们形象地称为孤岛打印。如图 6-37 所示，当孤岛比较小的时候，如果附着方式选用 Skirt 有可能会因其接触面积过小而脱离打印平台。即使是使用了 PVP 固体胶涂层，也很容易造成孤岛的脱离，这是因为涂层薄而干燥时附着力不够，而黏度足够但涂层过厚时又会造成打滑而移位。如果附着方式选用 Brim，可将孤岛连成一个整体，尽管后期的模型处理会麻烦一点，但不会因孤岛的脱离而造成打印失败。

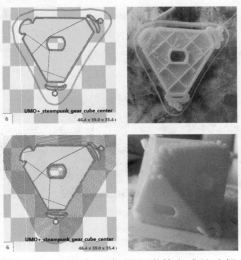

图 6-37　孤岛打印与平面附着方式的选择

除了孤岛打印外，折返式打印也很容易发生初始打印层局部脱离的现象。如图 6-38 所示，若齿尖部分有脱离现象，可降低喷嘴的温度与打印的速度，另外还可以将附着方式设置为 Brim 使齿尖部分连成一个整体。

图 6-38　SC1 的折返式打印

耗材性能对镂空打印的影响—— 镂空打印是对性能的一个挑战。如图 6-39 所示，我们选用了三种不同的耗材进行打印测试。灰色耗材打印温度最低，耗材的硬度与韧性最差；黄色耗材为标准的成型温度，耗材的硬度与韧性最好；橙色耗材的性能介于灰色与黄色耗材之间。

在相同的打印参数设置下，灰色 LC3 加入了支撑结构，模型能打印出来，但是支撑结构的拆除非常困难，而且一不小心容易碰断镂空结构。橙色 LC3 直接用相同的打印参数并且不加支撑打印，结果在打印镂空结构接近穹顶部分时，即使是将打印速度降至 50%，但由于翘曲变形导致喷嘴直接撞断了两根镂空的筋。黄色 LC3 用相同的打印参数直接打印成功，无须添加任何支撑或者手动降低打印速度。

当手中的打印耗材性能较差时怎么办呢？在不更换材料的前提下，在打印 LC3 接近穹顶部分时，将打印速度手动降至 10% 左右。通过降低打印速度，不仅可降低对翘边结构的冲击力，而且还能让镂空筋的冷却时间更长而减少翘边的发生。

图 6-39　三种耗材测试打印 LC3

第 7 章

3D 打印件的后期处理

一个完整的 3D 打印流程通常可分为前期、中期与后期三个阶段。前期指打印前的模型准备阶段；中期指模型切片以及打印的过程；而后期指模型打印完毕的后续工作，包括拆卸、缺陷修复、表面处理以及色彩处理四个环节。

7.1 3D 打印件的拆卸

影响 3D 打印件拆卸的因素主要是打印件的结构以及打印件与打印平台的附着类型。打印完毕后需要将打印机设置回原点以便于拆卸打印件，并且建议关机断电以确保安全。

热床加热： 一般来说纯热床加热的打印件其拆卸很简单。不管打印件结构复杂与否，只要打印完毕，待打印平台冷却至常温时，打印件会因热胀冷缩的原因自动从打印平台上脱落，直接用手取走即可。切记热床未冷至常温时徒手或借助工具取下打印件，否则将导致其底部变形甚至主体发生扭曲凹陷。

美纹纸加热床加热： 通常耐高温美纹纸会结合热床加热一起使用，如果打印件比较小且与打印平台接触面积较小，也可以不加热直接在美纹纸上打印。对于这一类型，我们需要先等打印平台降温至环境温度后再进行拆卸。由于美纹纸表面粗糙，打印件有可能会粘住拿不下来，特别是与打印平台接触面积较大的打印件会粘得更牢固。遇到这种情况切忌用手强行掰打印件，否则很容易导致其表面裂开甚至局部折断。

这个时候需要借助一种拆卸工具——铲刀。这里推荐使用两种铲刀：一种是建筑装修常用的油灰刀，另一种是家装清理或家居清洁用的多功能清洁铲刀。油灰刀通常由钢板制成并安装在木质或者塑料手柄上，出厂时工作端

（铲口）大多没有开刃口，所以使用前需要用打磨工具给工作端开刃。另外油灰刀有多种尺寸规格可供选择，一般选用 3in（1in=25.4mm）或 4in 的，即工作端宽度在约 75mm 或 100mm 的油灰刀。而由于多功能清洁刀可以更换刀片，因此比油灰刀的使用与维护更简单，不过刀片的夹头通常短而厚，因此多用于拆卸尺寸较小的打印件。

综合了这两种铲刀的优点，常用的方案是多功能清洁刀配合未开刃的油灰刀使用。先用多功能清洁刀的锋利刀片插进打印件与打印平台之间，并撬开一条 1mm 左右的缝，然后换上油灰刀插进缝里直接把打印件铲离打印平台。必要时可以合适的力度轻敲油灰刀的柄，以便拆卸更容易。不过要注意的是多功能清洁刀不要插得太深；油灰刀使用时与打印平台的夹角尽量小，即尽量放平油灰刀，否则容易造成打印件的损坏，尤其是打印平台上孤岛较多的模型更容易被折断；尽量避免铲刀划破美纹纸，如破损较严重则需要重新补贴。

PVP 固体胶加热床加热：同样地在拆卸前先要等热床冷却至环境温度，而拆卸手法与美纹纸基本类似。不过由于 PVP 固体胶黏度高，附着力大，所以很多时候轻敲油灰刀的柄仍然拆卸不了。此时切勿用力敲击，否则会损坏打印平台以及 z 轴的螺杆。遇到这种情况直接把与打印件连在一起的打印平台玻璃一起拆下来，然后用自来水将 PVP 固体胶冲洗干净，打印件自然就可以取下来了。不过玻璃装回打印平台后建议重新调平打印平台。

7.2　3D 打印件的缺陷与修复

3D 打印件拆卸后需要对其进行修复，修复的缺陷通常分为多余材料的去除、缺料部分的修补以及断裂部分的连接修复。

多余材料的去除包括了辅助结构（Brim、Raft 以及支撑结构）、拉丝、打印件表面多余的突起。常用的工具有水口剪、雕刻刀、镊子等。

水口剪：也叫斜口钳或水口剪钳，其特点是剪口往一边倾斜，以便用于精确剪裁。水口剪分为工业用与模型用两类：工业水口剪的头部较大而且刃口较厚，剪切力较大而且有多种尺寸规格可供选用，常用于塑料制品生产上的注塑件水口剪切以及电工电子行业的线缆以及电子零部件的剪切；模型水口剪的头部尖细而且刃口较薄，其剪切力较小而裁剪的精度更高，多用于模型等精细塑料件的精修。对于 3D 打印件的修复推荐使用模型水口剪，并且使用完毕并清理干净后需要给刃部上油以防止生锈。

水口剪常用于支撑结构等体积较大余料的去除，不但可以剪断细薄的余料，还可以像钳子一样夹着余料牵拉。根据 3D 打印件刚性各向异性的特点，如果夹住支撑结构并朝层方向往外拉，可以快速多段地拆除支撑结构。由于水口剪的剪口向握剪的一侧倾斜，造成倾斜侧会多了一个向外的推力，因此尽量避免用水口剪直接剪断支撑结构与打印件之间的连接，以免造成打印件上纤细部位发生断裂。比如前面案例中图 6-24 所示，如果用水口剪直接剪掉鹿后腿前方的支撑，因为支撑结构比鹿后腿更结实，很容易造成鹿后腿的断裂。

雕刻刀：用于精确去除模型表面多余的材料。常用的雕刻刀有篆刻雕刻刀、刀片式模型雕刻刀以及医用手术刀。篆刻雕刻刀的刀刃较厚，需要手工修磨，常用于石头、木材等坚硬材质的雕刻。刀片式模型雕刻刀的刀刃较薄，适用于打印件表面的精修，刀刃崩损后可以重新更换，刃口类型分为直刃、多种角度的斜刃以及勾刃等特殊刃口。手术刀与刀片式模型雕刻刀类似，而且刀刃不生锈，但刀杆的握持感会差一点。这里建议使用刀片式模型雕刻刀，并且使用完毕并清理干净后给刃部上油以防止生锈。

在精修模型时经常会遇到切口变白现象，学术上称之为银纹剪切带，简单来说是该断口处的余料是由于拉伸断裂而脱落的。尽管该现象基本不会对模型的结构功能造成影响，但对于无须抛光以及上色的打印件来说，会影响其美观性。因此使用雕刻刀精修打印件，如果切除比较困难的时候，需要往复拉动雕刻刀以切割的方式清除余料，可减少切口变白的发生。

镊子：用于清理缝隙部位切除下来的余料，多用于镂空类模型的精修以及拉丝等细微残料的清除。镊子的分类非常多，这里选用电子行业常用的精密级带防静电涂层的不锈钢镊子，头部形状选用标准型直尖头以及鹰嘴型弯尖头即可。如果只是用来精修打印件，选用不锈钢镊子即可，之所以选用带防静电涂层是考虑到其还会用于 3D 打印机的组装与维护上。镊子使用完毕并清理干净后需要套上防护套以保护其头部。

特别注意：

① 水口剪、雕刻刀以及镊子，都是锋利而尖锐的工具，使用的时候其前进的方向切忌指向人体，否则很容易对身体造成伤害！

② 修复的时候要拿稳打印件，以防因打滑或脱手而被工具划伤。而且打印件尽量握持其坚实的地方，避免碰触到容易折断的部位。

③ 修复工作尽量在干净整洁没有杂物的工作台上进行，配备可自由调节的台灯或头灯，修复完毕后将桌面的残料清扫干净并装好，以便回收使用。

缺料部分的修补通常指用材料将打印件表面的缺失的部位补全并顺滑过渡，常见的修复方式有三种：

① ▶ 强力胶水：对于打印件表面细小的缺料，清洁好缺料表面后可直接用强力胶水当修补剂来填充缺料部位，待胶水固化后手工修复顺滑即可。常用的有 502 强力胶，不过要注意的是选用的强力胶对打印件材料必须具有黏合性而且不能腐蚀打印材料。

② ▶ 补土：对于缺料较多的打印件，需要用补土来进行缺料修复。补土的种类很多，可以选用汽车漆面修复用的腻子，也可以选用模型专用的补土。具体的使用方法可参考所选补土的使用说明。

③ ▶ 3D 打印笔：这是由常规 3D 打印机衍生出来的，以人手替代移动轴的简易 3D 打印机，其最大特点是可以灵活移动。3D 打印笔可对打印件缺料部分作相同材料修补，甚至可以手工打印出缺失的构件。具体使用方法可参考 3D 打印笔的使用说明。

　　断裂部分的连接修复与缺料部分的修补方法及使用工具基本一致，但需要注意的是断裂口的修正。如果断裂口平整，可考虑直接用强力胶进行粘贴；如果断裂口参差不齐或破损严重，则需要将断裂口修正平整，然后用强力胶进行位置的固定，最后再用补土或 3D 打印笔将缺失的部分修补完整。

　　如果对打印件表面的光洁度以及色彩没有特殊要求的话，到这里打印件就修复完毕，整个打印过程结束。

7.3 　3D 打印件的表面处理 [2]

　　这里的 3D 打印件的表面处理指的是表面纹路的去除与抛光。根据实践经验以及一些模型达人提供的方法，大致可分为如下的七种方法。

　　砂纸抛光：利用水磨砂纸、打磨棒等工具对打印件表面进行抛光是最常用的表面处理方法。水磨砂纸的磨料粗细度以目为单位，目数越高磨料越细。很多关于模型抛光的资料会建议大家选用 800 目、1000 目、1200 目、1500 目水磨砂纸依次对打印件表面进行抛光。实践验证，该方法行之有效，但效率很低。这是因为打印件的表面比 800 目砂纸粗糙很多，用 800 目砂纸磨掉打印件表面的抗纹会相当费时。所以选用砂纸牌号要根据打印件表面的粗糙度来选择，尽量选粗糙度相近的砂纸牌号。水磨砂纸可干湿两用，适当加点水不但可以减少摩擦生热造成的表面熔化（特别是 PLA 等热变形温度较低的材料），而且还能使抛光面更加光滑并减少耗材粉尘的飞散。对于一些细节部位或者夹角、拐角部位，砂纸很难抛光，此时可以借用异形锉或者笔式打磨机精修该部位。

用水磨砂纸打磨抛光后的打印件表面光泽比较暗，可以用超纤布与研磨膏进行精细研磨，这个步骤称之为起光，起光后的打印件表面将重现耗材本身的润泽。如果要求不算太高，用牙膏配合干净的眼镜布，也能达到类似的结果。

火焰抛光：用打火机或者点火枪对打印件表面进行适当的灼烧，可烧掉毛刺使其更加光滑。不过要注意的是控制灼烧的时间，否则容易因过热而烧毁打印件，如果耗材是 ABS 就更加容易引燃打印件了。此法有一定的危险性，请慎重使用。

丙酮熏蒸：根据 ABS 溶于丙酮的特点，可以加热丙酮，利用丙酮蒸汽对 ABS 打印件进行熏蒸抛光。将适量的丙酮倒进透明的广口玻璃瓶，然后用 3D 打印机的热床对玻璃瓶底部进行加热，使玻璃瓶变成丙酮熏蒸室，将 ABS 打印件吊进瓶内静置一段时间即可。如果不用热床加热，还可以将加有适量丙酮的广口玻璃瓶放进已装水的锅里，加热锅里的水使得玻璃瓶内产生丙酮蒸气，此法通常叫作水浴加热。

丙酮是一种有毒而且易燃易爆，具有刺激性的溶剂，所以在室内使用丙酮熏蒸的时候要注意空气流通，并且戴上防护口罩。丙酮熏蒸法通常适用于尺寸较小的 ABS 打印件。

专用抛光液：市面上有一些专门用于 3D 打印件的抛光液，往操作器皿里倒入适量的抛光液，然后用细铁丝绑住打印件，将其浸入抛光液大概 8s 后直接拿出来即可。由于抛光液气味刺鼻，有一定毒性，使用时要注意空气流通，并且戴上防护口罩。而此法通常适用于尺寸较小的打印件。

震动抛光：将合适的介质与打印件一起放进震动抛光机或离心抛光机里，借助介质与打印件的相互摩擦来实现打印件的抛光。此法可同时抛光多件形状各异的打印件。

珠光处理：在密闭的透明箱子里，把手伸进两侧的橡胶手套，右手拿起喷枪，左手拿着打印件，将喷枪里高速射出的介质小珠子喷向打印件，从而达到抛光的效果。不过此法使用的工具比较专业，而且耗材比较贵，家庭使用较少。

Retouch 3D：这是加热修饰的方法，与使用电烙铁有点类似，其原理是以加热的刀头去融化掉打印件突出的余料，并且配有五种不同的刀头。可以选用功率较低的可调温电烙铁来替代 Retouch 3D，配合一些特殊形状的焊接头，不仅可以像抹黄油一样对打印件表面进行热烫式的平滑处理，而且还能简单修复一些打印件表面的轻微缺陷。

7.4　3D 打印件的色彩处理

目前常见的 3D 打印方式大多采用单色打印，而多种颜色的合理搭配可使打印件的细节更丰富，呈现出更好的艺术效果。根据实际的使用经验以及网络收集整理的相关资料，归纳出如下的色彩处理方案。

多色打印：利用材料原色以及模型的结构，借助单头、多头或单头多色打印机，可以打印出简单色彩的多色打印件。对于多零件组合类模型，可以用不同颜色来打印零部件，组成一个简单的多色打印件。对于单一零件，可以使用单卷多色混合材料或者单卷变温颜料打印，比如采用这两种材料打印的塑料花瓶，可呈现出彩虹般的艺术效果。如果打印机支持多个打印头或者采用多色混合单喷头，可以将单一零件打印成色彩构成更丰富的打印件。

手工上色[3]：常见的纯手工上色有马克笔上色与丙烯颜料上色。马克笔色彩较为单一，细节不突出，适合抽象的示意性上色。丙烯颜料环保无毒，而且色彩丰富，附着力强不易脱落，有些型号甚至可以防水。

丙烯颜料上色是最常见的打印件上色方案，常用的工具有丙烯颜料、稀释剂、尼龙画笔、调色碟、笔洗等。把丙烯颜料倒入调色碟并加入适量的稀释剂，用尼龙画笔将其调配均匀后涂到抛光后的打印件表面。涂色应以颜料厚度越薄越均匀而且笔迹淡化为佳，要达到该效果还需要掌握如下技巧：

① 上色之前要先进行颜色分区，规划好打印件各个部位的颜色类型并做好标记。

② 颜料的稀释度很重要，较为理想的颜料稀释度是搅动颜料时的手感如同搅动酸奶一般。笔尖在自然吸收颜料后，需要在调色碟的边缘把多余的颜料刮掉，涂装的过程中保持笔尖的湿润。

③ 笔尖刷过后，打印件表面不但留下了颜色，而且在颜色的表面还会留有笔触痕迹，颜料越干燥笔迹越明显。因此要注意判断笔尖重新蘸颜料的时间点，避免笔尖干燥时继续涂装。

④ 笔尖粗大的扫帚型画笔适合进行大面积涂装，笔尖如雀舌般尖细的画笔适合精细涂装以及细节轮廓的勾画。通常先进行大面积色块的涂装，然后再精修色块的交界处，最后再勾画出细节的部位。

⑤ 单层涂装时笔尖的前进方向要一致，笔尖与打印件表面的夹角约为70°。握笔要稳定，下笔的压力要均匀，保持匀速移动，感觉颜料随着笔尖的移动刚好能附贴到打印件表面。

⑥ 采用多层涂色可使颜色更均匀，相邻两层涂装的笔尖前进方向要互相垂直，此法通常称为十字交叉法。每一层颜料都需要一定的时间才能完全干燥，但在前一层将干未干时涂装下一层，会比较容易消除触笔痕迹。如果当前打印层的触笔痕迹比较多而且明显，可以待其完全干

燥后再进行下一层的涂装，这样可使颜色更均匀。

⑦ ▶ 当打印件本身的色颜色较深时，在涂白色、黄色、红色等遮盖力较弱的颜色时，底下的颜色容易出现反色的现象，此时要先均匀涂装一层浅灰或白色的底色后再进行主色的涂装。

⑧ ▶ 涂装结束后如果发现打印件表面颜色不均匀，局部有深浅不一的情况，可用砂纸将其打磨掉后重新涂装。

喷涂上色：借助器械将颜料或油漆以喷射的方式涂装打印件，可归纳为喷涂上色，常见的有喷罐、喷笔、喷枪三种。工业级的喷涂作业，需要在专用的喷涂车间里穿上防护服戴上呼吸装置进行。而打印件喷涂比较简单，只需在通风良好的地方戴上口罩即可进行。喷涂结合手工上色，可在大幅降低打印件上色时间的同时确保其细节勾画精美。

喷罐也就是常见的罐装手喷漆，多用于打印件的单色喷涂，颜色表面带金属光泽，不受模型尺寸的约束。对于结构相对简单的打印件，配合美纹纸的使用，可进行简单的多色打印。比如要将一个 3D 打印的球做成白色并且上面带一个红色五角星图案，可以先用白色喷罐将打印件整体喷成白色，然后用美纹纸在其表面贴出一个五角星的轮廓并遮住其余表面，然后用红色喷罐喷出五角星，最后去掉美纹纸以及封装即可。

喷笔是一种精度较高的喷涂工具，它不像喷灌那样自带了压缩气体，因此需要外接一个小型气泵或者专用的模型气泵才能正常工作。喷笔的喷嘴直径只有 0.2mm，而且颜料杯的容积较小，因此适合喷涂打印件精细部位，也可以给尺寸较小的打印件喷底色。具体的使用方法可参考该喷笔的使用说明书。

喷枪同样需要外接气泵，但喷枪使用的是雾化喷嘴，而且可挂一到两个大容积的颜料杯。喷枪适合喷涂体积较大的打印件，特别是喷涂打印件底色或者水补土。具体的使用方法与注意事项可参考该喷枪的使用说明书。

其他上色工艺：除了上述的三种上色途径外，还有一些偏向工业级的上色方案，适用于批量零件或打印件。

浸染是一种只适合于尼龙材质的上色工艺。以单色为主，颜色比较阴暗，表面没有光泽，可批量生产而且生产周期短。

电镀是一种常见的表面处理以及上色工艺。以单色为主，适用于 ABS 塑料以及金属材料，虽然色彩单一，但是其表面达到镜面效果。不过电镀受产品的体积以及形状影响较大，而且生产成本高，对环境污染大。

纳米喷涂是当今最先进的喷涂技术之一，应用化学原理可在任意材质表面同时进行多色喷涂，而且色彩过渡自然并具有镜面光泽，不受打印件体积与形状的限制。

第 8 章

3D 打印中的常见问题与解决方法[4]

在 3D 打印的学习过程中，经常会碰到机器的调试、使用等硬件问题，以及打印件缺陷等软件设置引起的问题。本章以平时积累下来的实战经验结合收集整理到的常见问题，给大家提供解决的方法。

8.1　常见的 3D 打印机问题与解决方法

一台工作正常而且稳定的 3D 打印机是高品质打印件的先决条件，所以首先要解决 3D 打印机的硬件故障与问题。

8.1.1　开机没反应

开机没反应最常见的原因是断电，即没插电源线、电源线损坏或者插座不供电。对于整机购置的用户，如果机器自带熔断保护装置，还需要检查保护装置是否生效。而 DIY 用户在排除断电的情况后，还需检查主板、转换电源等电路部分的线路连接是否正确，电器元件是否有损坏或烧毁。利用排除法将可以问题逐一排除。

8.1.2　异常状况如何中断打印

在打印过程中发现异常状况时，首先想到的是将打印机停下来。这里有两种不同结果的停机方式，一种是暂停打印，另一种是彻底停止。

暂停打印：其特点是可以恢复继续打印，其实现方式有多种：如果采用的是 USB 联机打印，可以按下联机软件的暂停（Pause）按钮，但由于软件的联机控制有延迟性，所以打印机并没有立刻停下；如果用 SD 卡脱机打印，那就只能人手操作液晶面板，调用里面的暂停功能，虽然调用菜单会耗费时间，但按下暂停键后 3D 打印机可立即停下来；转动液晶面板旁的旋钮，将打印速度降为 0%。

彻底停止：其特点是不可恢复继续打印，其实现方式有多种：USB 联机打印可直接按下联机软件的停止（Stop）按钮；操作液晶面板直接调用停止功能；按下 3D 打印机的电源开关或者直接把机器的电源插头拔掉。

8.1.3　喷头堵塞

喷头堵塞多由异物引起，常见的原因有：料盘落灰（微小异物）跟随塑料丝送进喷头内造成堵塞；塑料丝纯度低，内部有杂质而造成堵塞；塑料丝高温炭化堵塞。常用如下三种方法解决。

手动推送法：将喷嘴加热至当前塑料丝的正常打印温度，用手指捏紧（或用尖嘴钳以合适的力度夹持）塑料丝在挤出机进料孔外约 10mm 处，用力将塑料丝推进挤出机。注意推进力切勿过大，握持距离不要太远，要匀速推进，否则容易折断塑料丝。此法通常可以解决大部分因料盘落灰或塑料丝内部微小异物引起的堵塞。

重新装料法：如果手动推送法解决不了，而喷嘴没有塑料丝高温炭化的痕迹，可以考虑重新装料法。将喷嘴加热至当前塑料丝的正常打印温度，用手指捏紧（或用尖嘴钳以合适的力度夹持）在挤出机进料口外的塑料丝，匀速向外抽出塑料丝。用水口剪把塑料丝变形部分剪掉，然后重新装载塑料丝。

喷嘴清理法：如果堵塞喷嘴的异物过大，或者喷嘴被高温炭化的塑料丝堵住，可以借助工具清理喷嘴。根据堵塞喷嘴的直径，选用专用的喷嘴清理针从喷嘴外面顶进喷嘴内部，或者选用模型用的细钻头从喷嘴外面钻进喷嘴里。当然，还可以选用类似直径的工具，比如针灸针或者吉他等乐器的钢弦等。

8.1.4　刨料

目前 3D 打印机的挤出机，大多采用齿轮与轴承夹持塑料丝的结构，可精准控制塑料丝的前后移动。当塑料丝的运动受阻或者齿轮转动过快，都会导致塑料丝与齿轮间的运动异步，导致塑料丝局部的材料被齿轮刮削掉，这种现象称为刨料。当刨料发生时，挤出机附近可见刮削下来的塑料丝碎屑。

造成刨料的原因常见有三种：第一种是喷头温度较低，因喷头出料困难而造成实际需要的挤出力加大，最终齿轮打滑而造成刨料。遇到这种情况可将喷头温度提高 5～10℃，从而降低了实际需要的挤出力，减少刨料的发生。第二种是喷头堵塞导致齿轮打滑刨料，这种情况只需解决喷头堵塞问题即可。第三种是打印速度过快，导致齿轮转动过快而打滑刨料。遇到这种情况可通过降低打印速度来减少刨料。

8.1.5　打印过程中喷头不出料

当打印开始时，经常会遇到喷头在移动但没有塑料喷出来的情况，这大多是由于以下五种原因造成。

喷嘴内部缺料： 由于每次打印结束后，喷嘴在降温的过程中其内部熔融状态的塑料丝在引力作用下部分流出来，因此造成其内部缺料而打印不出来。因此在打印参数设置时，按情况多选用 Skirt 与 Brim，使喷嘴在打印这些辅助结构时能及时补满熔融塑料。

喷嘴与打印平台表面的距离过小： 甚至喷嘴出料孔直接顶住了打印平台而不能出料。这种情况需要重新进行打印平台的调平。

挤出机齿轮打滑造成刨料： 齿轮已不能精准控制塑料丝的收放而导致喷头不出料。该故障只需解决刨料问题即可。

挤出机卡住： 由于工作时塑料丝不断地做收放运动以及塑料丝装载与更换，挤出机内部很容易因碎屑积累而导致挤出机卡住不动。只需拆卸挤出机清理内部的异物即可解决。

塑料丝被卡住： 多见于塑料丝在送丝过程中发生缠绕而卡死不动，因此供料不足导致喷嘴不出料。

8.1.6　打印过程中挤出停止

打印过程中挤出停止工作的原因有三个：第一个是打印耗材用尽或者塑料丝在送料过程中发生断裂。第二个是挤出机堵塞，可参考上一节的方法进行处理。第三个是挤出机驱动模块过热导致挤出机停转。

8.1.7　喷出来的料不能粘附平台

打印模型的第一层时，偶尔会出现喷出来的料不能粘附到打印平台的现象,其成因主要有如下六种。

打印平台未调平:这导致打印首层因附着不均匀而脱落,需调平打印平台。

喷嘴与打印平台间隙过大:这导致附着力与贴附面积过小,需调整至合适值。

首层打印速度过快:这导致首层冷却不足,移动时的牵引力大于塑料与打印平台间的粘附能力,造成首层脱落。遇到这种情况时用旋钮降低打印速度即可。

温度与冷却问题:打印平台表面温度过低,或者冷却风扇转速过高,都容易造成打印件首层因冷却过快而收缩脱离打印平台。因此当打印平台表面温度较低或者打印材质的收缩率较大时,带热床的打印平台需要加温至合适温度。打印首层时通常把冷却风扇关掉,减少因风冷导致的收缩发生。

打印平台表面附着力低:散落在打印平台表面的灰尘以及油污,会大幅降低其附着能力,所以打印前要把打印平台表面的灰尘、油污、水分清理干净。另外还可以借助美纹纸、PVP 固体胶等辅助工具来提高打印平台的表面附着力。

附着面积过小:对于附着面积过小的打印件,即便是降低打印速度,其改善也不大,这时可以通过添加 Brim 来增加其附着面积。对于附着面不平整的打印件,可添加 Raft 来增加其与打印平台表面的贴合度。

8.1.8　机器的异响

机器的异响往往代表了故障的发生,要学会辨别机器工作的声音,掌握根据异响查找故障源的方法。

异响源于喷头:多见于散热风扇固定片的谐振以及喷头上固定螺钉的松动,这容易引起打印件表面产生震纹,影响打印的精度。重新紧固喷头上的螺钉以及散热风扇的固定片即可。

异响源于驱动电动机:常见两种情况,第一种是驱动电动机过载,多由喷头移动受阻或者送丝机构发生卡丝引起。第二种是驱动电动机电压不匹配,DIY 用户可根据线路板说明调节驱动模块上的电压调节器。

异响源于挤出机:首先判断送丝机构是否工作正常,如果挤出机内部传来"咔咔"声,有可能是塑料丝碎屑卡住了齿轮。停机后把塑料丝抽出来看能否将碎屑清除,如果不能清除,则需直接拆开挤出机进行清理。

8.1.9　断丝

断丝多发生在塑料丝装卸的时候,如果材料质量较差也会在打印过程中发生断丝。断丝清除前首先要把喷头加热至当前耗材的打印温度，如果塑料丝断口在挤出机进料口外，可匀速将断丝抽出；如果断口在挤出机内，可拔出挤出机端的导料管后匀速将断丝抽出；如果断口在导料管或者喷头内，可拆开导料管或者喷头来清理断丝，但拆除的工作量较大。所以断口在导料管或者喷头内时，可以把塑料丝直接装进去，把断丝从喷嘴顶出来。

8.2　常见的 3D 打印问题及解决方法

在 3D 打印的过程中，除了会遇到打印机的硬件故障与问题外，还会遇到与切片软件设置参数相关的问题。根据打印件的质量来推断出问题参数并进行调节，逐步掌握常规参数的合理设置。

8.2.1　打印件层错位

打印件发生层错位主要有如下四个方面的原因：

喷头移动过快：当喷头移动速度超出了驱动电动机能承受的范围时，喷头将偏离预设的位置而导致错位的发生。

机械故障：大部分 3D 打印机是以同步带轮为驱动方式，当同步带安装过紧或者是因老化而松弛时会引起层错位的发生。如果同步带轮与驱动电动机的固定螺钉脱落，会导致两者转动不同步而导致层错位的发生。

电子故障：驱动电动机供电不足或不稳定，会导随机性的错位；驱动电动机长时间工作或散热不足，会因其过热而间歇性停转，导致层错位的发生。

碰撞：如果打印平台的附着力足够，那么喷头在打印过程中撞击翘起变形的打印件时，会造成喷头位置改变而导致层错位的发生。

8.2.2　过热

打印件局部过热时，细节消失并熔融为一体，如打印塔尖结构。常见的解决办法有四个：

散热不足：由于散热不足引起的过热变形，可考虑提高散热风扇的转速。

打印温度过高：打印温度过高引起的过热变形，可考虑降温 5～10℃，但不能低于材料的最低打印温度。

打印速度太快：打印速度快，散热时间便缩短，因此可考虑适当降速。

添加辅助打印件：以上方法效果不大时，可考虑增加一个或多个打印件同时打印，以延长单个打印件的冷却时间。

8.2.3　出料过多与过少

喷头出料过多会造成打印件表面因挤料而不平整，出料过少会造成打印件结构松散，影响其强度。常见有如下两个方法：

正确设置线径：遇到出料过多或过少时，用卡尺精确测量塑料丝的直径，重新设置一个合适的线径数值。

调整挤出率：出料过多，适当降低挤出率；出料过少，适当提高挤出率。

8.2.4　拉丝与垂料

喷头在两个封闭的打印区间移动时，连接两区间的丝状塑料残留即为拉丝。增加回抽距离、提高回抽速度、降低打印温度，是三种常见的改善拉丝情况的方法。如果遇到悬臂距离较大的结构时，打印的过程还会出现垂料的情况，此时通过在悬臂部分添加支撑来减少垂料的发生。

8.2.5　打印件表面孔洞与缝隙

打印件表面如果出现孔洞与缝隙，将影响它的外观以及结构强度，其成因主要有三个。

壁厚：如果侧壁较薄，打印时很容易因喷头移动过快或出料速度不合拍引起孔洞，尤其是单层侧壁打印。

顶部厚度：若打印件顶部厚度较低，很容易因支撑不足而导致破孔的出现，特别是穹顶类模型。适当增加打印件顶部的厚度，还能提高打印件的强度。

填充率：当打印件内部的填充率过低时，打印件内部会因支撑不足而变形。适当增加填充率，可得到表面效果更好而且强度更高的打印件。

8.2.6　打印件的开裂与断开

打印件开裂与断开的成因主要有三个：第一个是打印层过高，这将导致层间的黏结力过低而开裂。第二个是打印温度太低，这使得相邻两层尚未完全黏合便已冷却固化。第三个是环境温度低，这使打印件冷却过快而黏合不牢造成开裂或断开。环境温度过低需要对打印件进行保温，避免冷风吹，冷却风扇的速度可降低，必要时可以考虑关闭冷却风扇。

8.2.7　边角位卷翘

随着打印的进行，打印件首层的拐角或轮廓边缘很容易出现卷边翘曲的现象。这是由于打印件内部的热散发不出，打印层逐层累积而引起的热变形。可借助 Brim 或 Raft 功能，配合 PVP 固体胶等工具，同时降低打印温度来减少卷翘的现象发生。

8.2.8　表面的斑点

在打印件的表面经常会有斑点出现，当斑点出现在喷嘴开始打印的位置时，可微调回抽的设置值来减少斑点的出现。当斑点出现在喷嘴结束打印的位置时，微调滑行的距离可改善斑点的状况。打印中途出现的斑点，可通过降低打印温度以及减少回抽来改善。

8.2.9　侧面的横纹

侧面出现的横纹多数是有规律的，成因主要有三个：第一个是挤出量不稳定，这主要是由于塑料丝质量较差，直径尺寸波动较大引起。第二个是喷头温度波动较大，在温度预设值的最高与最低偏差值打印时效果不一样。第三个是硬件问题，多由打印平台谐振以及驱动电动机细分不足引起。

8.2.10　侧面的波纹

打印件侧面波动形纹理通常由振动引起，成因主要有三个：第一个是打印速度过快，喷头在急速转向的过程中引发喷头与打印平台的谐振。第二个是控制面板里机器固件的运动轴加速度设置值，合理的加速度可使打印过程更加平缓。第三个是机械谐振，通常由固定螺钉的松脱、机器的支撑结构破损而引起。

8.2.11　填充松散不牢固

松散的填充结构不但降低了打印件的强度，而且还会影响其表面质量，成因主要有三个：第一个是填充图案，需要根据打印件的轮廓形状以及使用环境选择合适的填充图案。第二个是降低打印速度，过快的填充打印速度容易造成拉丝以及层间松散甚至破损。第三个是加大填充的线宽，较大的线宽可减少填充的缺陷使其更牢固。

8.2.12　填充与轮廓有间隙

填充与轮廓的间隙会影响打印件的强度，成因有两个：第一个是填充与轮廓的重叠不够，可调整相关的设置参数。第二个是打印速度过快，使得填充与轮廓的黏合不牢固。

第 9 章

3D 打印机的保养与维护

3D 打印机是集机械结构与电气控制于一体的精密成型机器，合理的保养与维护是确保机器稳定性以及打印精度的重要工作。本章将就 3D 打印机的使用环境以及机器结构等方面讲解其保养与维护的要点。

9.1 使用环境对 3D 打印机的影响

本书第 2 章讲解过 3D 打印机的安置，这里再补充一些影响 3D 打印机正常使用的环境因素。

温度：温度是影响 3D 打印机稳定性的一个重要因素，尤其是电气控制部分对温度的变化很敏感。在 3D 打印机的主板（大多数桌面级机型）上分别插接着四个步进电动机的驱动模块，这是电气部分的主要发热源，通常每个驱动模块上都加装了散热片。当温度过高时模块的内部电路会启动过热保护程序而自动关机。

湿度：长时间在湿度较高的环境下工作，打印机的金属部件容易出现锈蚀的现象，而且电路板也会在布满灰尘的情况下因湿度过高而发生短路。当湿度过低时机器容易积累较多的静电。

静电：如果机器外壳带静电，触碰时会有感觉。而且静电会干扰机器的正常运行，出现中途无故暂停、坐标发生偏移、温度传感中断导致喷头温度急剧上升等意外。所以机器的金属外壳必须接地，特别是 DIY 机型要根据安装说明进行接地处理。

9.2　防尘处理

　　防尘处理主要包括三个方面的内容：第一个是机器外露部件的除尘，特别是光轴等运动部件，一旦积尘将增大喷头移动的阻力，并且容易导致外露部件锈蚀；第二个是打印耗材的除尘，料盘的塑料丝外露容易积尘，增大了喷嘴堵塞的风险；第三个是尽量避免灰尘进入电气控制部分，DIY 的机型可定期打开电控部分的盖板，清理电路板以及散热片上的灰尘。当模型打印完毕并清理保养好打印机后，盖上专用的防尘罩或者普通的厚布。

9.3　检查机器的结构性能

　　3D 打印机在平常的使用当中要注意做好其结构性能的检查。首先是通过听音来判断整机的紧固螺钉是否有松脱。另外螺钉不能拧太紧，否则容易造成螺纹孔滑丝，或者会造成机器外壳的变形。然后再检查活动部分的结构是否能平稳流畅地运动。

9.4　润滑

　　对于 3D 打印机的活动结构件，要定期进行润滑。润滑的部位主要有三个：第一个是 x、y 轴光杠与移动块以及喷头间的润滑；第二个是 z 轴丝杠与螺母，以及 z 轴光杠与轴套间的润滑；第三个是挤出机内部传动结构的润滑。常用的润滑剂有锂基脂与凡士林，在涂抹润滑剂之前要先用布把机构上的粉尘、废润滑剂等清理干净，注意不要残留织物纤维，表面涂抹均匀薄层即可。

9.5　易耗部件的维护

　　桌面级 3D 打印机的易耗部件主要有四个：第一个是同步带，当其老化松弛并且不可调节的时候需要按型号整条更换；第二个是喷嘴，长期使用或者多次用工具清理堵塞后容易使其变大，当堵塞不能疏通或者孔过大甚至出现崩损而不可修复时，需要更换对应型号的新喷嘴；第三个是导丝管，当喷头端拔出来后可能因长期发热膨胀而不能重新插回，这时需要将膨胀部分剪掉重新安装，当导丝管过短时需要整根更换；第四个是导丝管两端的快速接头，长期使用容易因插拔次数过多而损坏，需要按型号重新更换。如果挤出机里面使用的是塑料齿轮与轴承搭配，塑料齿轮容易磨损而导致挤出回抽功能失效，需要重新更换相同型号的塑料齿轮或金属齿轮。

9.6　定期做性能测试检验

　　3D 打印机在使用过程中，随着机器的磨合、材料的更换、机器的损耗等原因导致性能下降，这就需要定期进行性能测试，根据测试情况微调机器以保证其性能。测试分为两部分：第一个是耗材性能测试，可根据前面推荐的模型以及网上的测试模型进行打印测试，并总结出耗材的合理打印参数；第二个是机器性能测试，可下载专门的测试模型，根据打印出来的效果和模型提供的调整指南对机器进行微调。

参 考 文 献

[1]　铭展. 如何使用 MeshLab/Netfabb 修复你的模型[M/OL]. http://www.3d-print.cn/tutorials/ how_to_use_meshlab_and_netfabb.

[2]　潘学松. 3D 打印模型抛光处理方法大合集[M/OL]. http://www.nanjixiong.com/article-4671-1.html.

[3]　3D 知道网. 3D 打印模型后期怎么上色？ [M/OL]. https://www.3dzhidao.net/jianmojiao cheng/20160827/35595.html.

[4]　SIMPLIFY3D 官方网站. Print Quality Troubleshooting Guide[M/OL]. http://www.simplify3d. com/support/print-quality-troubleshooting/.